C# 基础实用教程

◎ 吕云翔 高允初 王九琦 编著

清华大学出版社
北京

内 容 简 介

本书介绍了C#语言的基本语法，并结合了C#的最新特性，从最基本的变量声明到控制结构，从类的声明到继承与多态的实现，结合实例代码全面介绍了C#语言的特性与使用方法。

全书共分为4个部分。第1～5章包括C#基本概述及基本语法(变量、控制语句等)。第6～11章讲解面向对象编程在C#中的体现。第12～15章介绍C#的其他使用特性，包括C#2.0～C#4.0的最新特性。第16～20章讲解C#开发的实例内容，包括可视化编程、数据库连接，并提供一个完整的工程示例供读者参考。在每章的结尾都有精心设计的习题，认真完成这些习题将会对理解与掌握相关的知识有很大的帮助。在附录中包含部分习题的详尽解答，方便读者进行对照修改。

本书可作为本科计算机类专业课程教材，也可供相关技术人员参考使用。

图书在版编目(CIP)数据

C#基础实用教程/吕云翔等编著.—北京：清华大学出版社，2017 (2019.8重印)
(21世纪高等学校计算机专业实用规划教材)
ISBN 978-7-302-47851-5

Ⅰ.①C…　Ⅱ.①吕…　Ⅲ.①C语言－程序设计－教材　Ⅳ.①TP312.8

中国版本图书馆CIP数据核字(2017)第174576号

责任编辑：魏江江　王冰飞
封面设计：刘　键
责任校对：胡伟民
责任印制：刘海龙

出版发行：清华大学出版社
网　　址：http://www.tup.com.cn，http://www.wqbook.com
地　　址：北京清华大学学研大厦A座　　邮　　编：100084
社 总 机：010-62770175　　邮　　购：010-62786544
投稿与读者服务：010-62776969，c-service@tup.tsinghua.edu.cn
质量反馈：010-62772015，zhiliang@tup.tsinghua.edu.cn
课件下载：http://www.tup.com.cn，010-62795954
印 装 者：三河市君旺印务有限公司
经　　销：全国新华书店
开　　本：185mm×260mm　　**印　张**：15　　**字　　数**：375千字
版　　次：2017年10月第1版　　**印　　次**：2019年8月第3次印刷
印　　数：3001～4200
定　　价：35.00元

产品编号：072970-01

出版说明

随着我国改革开放的进一步深化，高等教育也得到了快速发展，各地高校紧密结合地方经济建设发展需要，科学运用市场调节机制，加大了使用信息科学等现代科学技术提升、改造传统学科专业的投入力度，通过教育改革合理调整和配置了教育资源，优化了传统学科专业，积极为地方经济建设输送人才，为我国经济社会的快速、健康和可持续发展以及高等教育自身的改革发展做出了巨大贡献。但是，高等教育质量还需要进一步提高以适应经济社会发展的需要，不少高校的专业设置和结构不尽合理，教师队伍整体素质亟待提高，人才培养模式、教学内容和方法需要进一步转变，学生的实践能力和创新精神亟待加强。

教育部一直十分重视高等教育质量工作。2007 年 1 月，教育部下发了《关于实施高等学校本科教学质量与教学改革工程的意见》，计划实施"高等学校本科教学质量与教学改革工程（简称'质量工程'）"，通过专业结构调整、课程教材建设、实践教学改革、教学团队建设等多项内容，进一步深化高等学校教学改革，提高人才培养的能力和水平，更好地满足经济社会发展对高素质人才的需要。在贯彻和落实教育部"质量工程"的过程中，各地高校发挥师资力量强、办学经验丰富、教学资源充裕等优势，对其特色专业及特色课程（群）加以规划、整理和总结，更新教学内容、改革课程体系，建设了一大批内容新、体系新、方法新、手段新的特色课程。在此基础上，经教育部相关教学指导委员会专家的指导和建议，清华大学出版社在多个领域精选各高校的特色课程，分别规划出版系列教材，以配合"质量工程"的实施，满足各高校教学质量和教学改革的需要。

本系列教材立足于计算机专业课程领域，以专业基础课为主、专业课为辅，横向满足高校多层次教学的需要。在规划过程中体现了如下一些基本原则和特点。

（1）反映计算机学科的最新发展，总结近年来计算机专业教学的最新成果。内容先进，充分吸收国外先进成果和理念。

（2）反映教学需要，促进教学发展。教材要适应多样化的教学需要，正确把握教学内容和课程体系的改革方向，融合先进的教学思想、方法和手段，体现科学性、先进性和系统性，强调对学生实践能力的培养，为学生知识、能力、素质协调发展创造条件。

（3）实施精品战略，突出重点，保证质量。规划教材把重点放在公共基础课和专业基础课的教材建设上；特别注意选择并安排一部分原来基础比较好的优秀教材或讲义修订再版，逐步形成精品教材；提倡并鼓励编写体现教学质量和教学改革成果的教材。

（4）主张一纲多本，合理配套。专业基础课和专业课教材配套，同一门课程有针对不同层次、面向不同应用的多本具有各自内容特点的教材。处理好教材统一性与多样化，基本教材与辅助教材、教学参考书，文字教材与软件教材的关系，实现教材系列资源配套。

（5）依靠专家，择优选用。在制定教材规划时要依靠各课程专家在调查研究本课程教材建设现状的基础上提出规划选题。在落实主编人选时，要引入竞争机制，通过申报、评审确定主题。书稿完成后要认真实行审稿程序，确保出书质量。

繁荣教材出版事业，提高教材质量的关键是教师。建立一支高水平教材编写梯队才能保证教材的编写质量和建设力度，希望有志于教材建设的教师能够加入到我们的编写队伍中来。

21世纪高等学校计算机专业实用规划教材

联系人：魏江江 weijj@tup.tsinghua.edu.cn

前　言

C#作为微软公司开发的面向对象编程语言，在所有编程语言中常年保持前五位，其集成开发环境——Visual Studio具有丰富的组件和接口，与微软公司的其他产品(如SQL Server、IIS)有较强的兼容性。使用C#，程序员可以快速编写基于.NET平台的应用程序。如今Windows系列操作系统的用户量十分庞大，.NET应用程序仍然有巨大的需求，虽然Java和C/C++是当今最热门的编程语言，但C#仍然有其用武之地。

本书是为编程爱好者准备的一本学习指南。从变量的类型与声明到面向对象特性，再到一个完整网站的开发实例，本书将由浅入深地为读者讲解C#语言。每个语法的讲解都伴随着示例代码，让读者在了解语法的同时能够知晓其用法。在本书中还有具体应用开发的讲解，使读者合上书本能够自主编写相关的应用程序。

本书在以下几个方面具有重要特色。

目标针对性强：本书针对国内计算机、软件相关专业学生，旨在让未来有志从事软件开发和设计工作的学生不仅掌握C#语言的重要特性，同时能够活学活用，在实践中提高自身的编程能力，为今后的课程学习和职业前途打下坚实的基础。但对于没有编程经验的读者而言，阅读本书可能会存在障碍。

理论与实践结合：本书力求在C#语法的讲解和实践内容的设计中寻求平衡，让读者既能够了解C#语言的重要特性，提高自身分析C#代码的能力，也能够切实提高编程水平，制作一个完整的C#程序。在本书中为读者介绍了C#实用的程序设计内容，在第20章以一个完整的C#工程引导读者综合所学内容编写一个小型网站。

加入最新C#特性：从C#2.0到C#4.0，C#由于泛型、LINQ、dynamic关键字等元素的加入更加丰富，这些特性使得C#程序设计更加便捷，对最新特性的介绍有助于读者更加得心应手地编写简单、艺术的程序。

精心设计的习题：在重点、难点部分，我们为读者精心设计了习题，这些习题有助于读者更好地理解重点，提高分析代码的能力，同时在编程中规避常见错误。

由浅入深，步步为营：从控制台程序到Windows窗体程序的设计，从连接数据库到使用ASP.NET搭建网站，读者能够稳扎稳打，并在之后的学习中有机会复习和使用前面的知识，合理的梯度设计也减少了跨度，不至于顾此失彼。

本书可作为教学参考书目，建议至少花费32～48学时学习本书，并进行适当的上机练习。如果时间不够充裕，可以只学习前15章的内容。

我们坚信，授人以鱼不如授人以渔。读者不可能了解C#语言的所有方法、属性以及控件的使用方法，但只要深入理解了语法及其使用方法，对于编程过程中不熟悉的属性和控件可以查看微软公司的官方帮助文档，边使用边学习。

由于作者的水平和能力有限，本书内容难免有疏漏之处，恳请各位同仁和广大读者给予批评指正，也希望各位能将学习过程中的经验和心得与作者交流(yunxianglu@hotmail.com)。

最后，对编写本书过程中对作者提供帮助的人们表示衷心的感谢。

编者

2017年5月于北京航空航天大学

目　录

第1章 C#与.NET平台概述

正如一个作家使用语言编写故事一样，计算机程序员需要一种计算机编程语言来编写计算机程序。有些计算机语言语法精深、词汇丰富，因此极富表现力，但同时它们难以掌握并且容易出错。有些语言语法直接、词汇较少，能在很短的时间内进行掌握，但这种语言同时具有表现力不够丰富等缺点。因此，语言的不断发展过程就是一个在表现力、复杂性及出错概率间寻求一个平衡点的过程；从另一方面讲，它也是一个在简单及傻瓜化间寻求平衡点的过程。

当一个编程语言设计者开始设计一种新的计算机语言的时候，他也将面临同样的挑战。一种功能强大的语言可能难以掌握，也可能太过于复杂而不易使用，以致在实际应用中错误百出。从另一方面讲，过于简单的语言又有可能束缚了程序员的创造性。

C#(读作 C sharp)是一种相对于其他语言更为年轻、更有活力的计算机编程语言。1998年，微软开发团队开始设计C#语言的第一个版本。与当今的英语一样，C#这门语言也不是凭空诞生的，它也是由以前的语言演变而来的。因此，它依然基于那些被大部分程序员认为是语言灵魂的无价的核心功能设计的。

在过去20年中，计算机像水中的涟漪一样遍及全社会。现在人们的大部分工作都直接或间接地用计算机来完成，至少是其中的一部分任务，即使在业余时间，人们也将计算机作为一种新兴的娱乐工具。为什么计算机如此有用和流行？一个原因就是人们可以通过计算机语言(如C#)在很多应用领域使用计算机，而一只灯泡只用于发光、一个椅子只用于休息。二是计算机可以按照人类的各项指令不断地自我学习、自我优化，最终完成多样化的日常任务。计算机从理论上讲功能范围几乎是无限的，制约它功能发挥的更多的是人类的想象力、创造力以及计算机本身的物理限制，这也使编程成为一项令人兴奋、极具挑战性的工作项目。在编程中发挥自己的想象力、创造力，尽情地展示自己思维的独特性，这本身也是一种艺术享受。学习一门编程语言是这种艺术享受的第一步，本书力求让没有编程基础的读者也能对C#这门语言有一个初步的理解，对计算机编程这门艺术能有更直观的认识。

1.1 C#的发展历史和现状

1999年就听说微软公司在研发一种名为“cool”的新开发语言，而具体内幕一直是个谜，直到2000年6月26日微软公司在奥兰多举行的“职业开发人员技术大会”(PDC 2000)上这个谜底终于揭晓，这种新的、先进的、面向对象的开发语言就是C#(发音为“C sharp”)。

就在不久以前的1995年，SUN公司正式推出了面向对象的开发语言Java，并提出了跨平台、跨语言的概念(write the code once and run it anywhere),之后 Java 逐渐成为企业级应用系统开发的首选工具,而且使得越来越多的基于 C/C++的应用开发人员转向从事基于 Java 的应用开发。Java 的先进思想使其在软件开发领域大有"山雨欲来风满楼"之势。

很快,在众多研发人员的努力下,微软公司也推出了自己基于 Java 语言的编译器 Visual J++,Visual J++在最短的时间里由 1.1 版本升到了 6.0 版本。这绝不仅仅是数字上的变化,集成在 Visual Studio 6.0 中的 Visual J++ 6.0 的确有了质的变化,不但虚拟机(JVM)的运行速度大大加快,而且增加了许多新特性,同时支持调用 Windows API,这些特性使得 Visual J++成为强有力的 Windows 应用开发平台,并成为业界公认的优秀的 Java 编译器。

不可否认,Visual J++具有强大的开发功能,但其主要运用在 Windows 平台的系统开发中,SUN 公司认为 Visual J++违反了 Java 的许可协议,即违反了 Java 开发平台的中立性,因而对微软公司提出了诉讼,这使得微软公司处于极为被动的局面。

就在人们认为微软的局面不可能再有改观的时候,微软却另辟蹊径,决定推出其进军互联网的庞大计划——.NET 计划,和该计划中旗帜性的开发语言——C#。

设计开发语言 C#对微软未来的发展有着举足轻重的意义,而对于这样一项伟大而艰巨的任务,微软可谓是慎之又慎。谁将承担此重任并成为开发 C#的首席设计师将是微软的一次具有战略意义的抉择。微软最终决定由老将安德尔斯(Anders Hejlsberg)出马,之后 C#的辉煌证明微软的决定是一个明智之举。

很多人对安德尔斯可能并不了解,但一提起他的杰作 Trubo Pascal 和 Delphi,可谓是家喻户晓了。安德尔斯是原 Broland 公司的首席研发设计师,在 Broland 期间,安德尔斯开发了著名的 Trubo Pascal 语言,并在其基础上开发了面向对象的应用开发工具 Broland Delphi,Delphi 目前仍是 Broland 公司的最重要的旗帜性产品,并已成为了广大开发人员最喜欢的 RAD 应用开发工具之一。安德尔斯来到微软后直接主抓 Visual J++的研发工作,这也是为什么大家会在 C#中发现很多 Visual J++特性的原因。

在微软的 PDC 2000 年会上,当演讲者向各大公司的研发人员第一次历史性地展示在基于.NET 的 ASP 上用 C#进行设计开发 Web 应用程序时观众们报以了热烈的掌声。

时至今日,C#在多次的版本更新后变得更加完善,更为契合当时微软对 C#的期望,成为一种安全的、稳定的、简单的、优雅的,由 C 和 C++衍生而来的面向对象的编程语言。它在继承 C 和 C++强大功能的同时去掉了一些它们的复杂特性(例如没有宏以及不允许多重继承)。C#综合了 VB 简单的可视化操作和 C++的高运行效率,以其强大的操作能力、优雅的语法风格、创新的语言特性和便捷的面向组件编程的支持成为.NET 开发的首选语言。

1.2 .NET 平台简介

如果想讨论 C#这门语言,我们不可避免地要与.NET 平台打交道。C#通常指运用一套规则来编写源程序的语言,而.NET 就比较难以清楚地解释了,因为很多时候.NET 是一个为多种语言程序的构建和执行提供重要服务的笼统术语。事实上,C#完全依赖于.NET 平台,但.NET 平台自身支持多种语言,例如 C++和 Visual Basic 等语言。所以,C#的许多功能和结构可以直接从.NET 身上找到答案。

.NET 的初级组成是 CIL 和 CLR。CIL 是一套运作环境说明，包括一般系统、基础类库和与机器无关的中间代码，全称为通用中间语言(CIL)。CLR 则是确认操作密码符合 CIL 的平台。在 CIL 执行前 CLR 必须将指令及时地编译转换成原始机械码。

所有 CIL(通用中间语言)都可经由.NET 自我表述。CLR 检查元资料以确保正确的方法被调用。元资料通常是由语言编译器生成的，但开发人员也可以通过使用客户属性创建他们自己的元资料。

如果一种语言实现生成了 CIL，它也可以通过使用 CLR 被调用，这样它就可以与任何其他.NET 语言生成的资料相交互。CLR 也被设计为作业系统无关性。

当一个汇编体被载入时 CLR 执行各种各样的测试，其中的两个测试是确认与核查。在确认的时候，CLR 检查汇编体是否包含有效的元资料和 CIL，并且检查内部表的正确性。核查则不那么精确，核查机制检查代码是否会执行一些“不安全”的操作。核查所使用的演算法非常保守，导致有时一些“安全”的代码也通不过核查。不安全的代码只有在汇编体拥有“跳过核查”许可的情况下才会被执行，通常这意味着代码是安装在本机上的。

.NET 整个编译过程不会随着使用语言的改变而改变。不管用户在.NET 中是否使用了 C# 或其他语言，在.NET 下的整个编译流程都不会改变。首先在编写源代码后需要进行中间环节的编译，在这个过程中源代码被编译成了另外一种语言，它就是 Microsoft 中间语言(Microsoft Intermediate Language，MSIL)，而不是立即编译为机器语言。

如图 1-1 所示，在源代码被翻译为中间代码以后，JIT 编译器将最高效率的翻译成机器语言。JIT 编译器的输出与常规编译器的输出类似，但 JIT 编译器使用了略微不同的策略。它并不是耗费时间和内存来转换所有的 MSIL，而仅仅转换在运行中所需的一部分。所以实际上编译过的代码用于运行，而未使用 MSIL 代码的部分并不会浪费 JIT 编译器的时间。

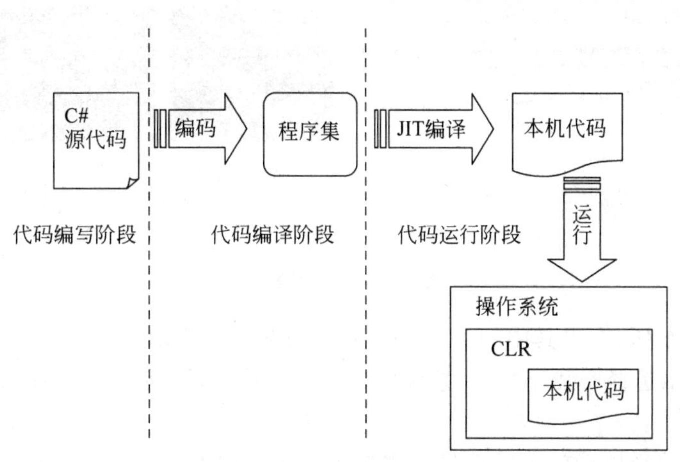

图 1-1 .NET 编译流程

但这里有一个问题，.NET 这种架构的优势何在？到目前为止，我们好像只是让事情复杂化了。在高级语言和机器语言之间插入一个中间语言，我们实际上将对源代码的编译和生成机器语言隔离开来，通过这种方式可以保证从中间语言到机器语言的编译不会改变。因此，我们无论使用何种编程语言，只要这种语言是.NET 平台所支持的语言，那么源代码都会翻译成统一的 MSIL，之后再统一编译为机器语言。

.NET 平台还有一个优势，那就是无论使用何种计算机系统 MSIL 都保持不变。当计算机系统变化时 JIT 编译器只需做出部分变化或调整。每台计算机都有适合于特定计算机配置的、将 MSIL 翻译成机器语言的 JIT 编译器。因此只需要将高级语言编译成一种无须变化的语言，这样机器语言编译器在.NET 平台上就能得到统一。

.NET 作为一种出现较晚的综合性平台，各种设计理念均走在很多平台的前面。.NET 平台同样凝聚了微软团队统一编程体验的终极理想，也许在几年以后人们再也不用为设备间的硬件和软件运行环境的差异而苦恼，在硬件风格迥异的平台上也可以运行同样一份应用程序。

1.3 安装 Visual Studio 2013

上面两节介绍了 C#这门语言的由来、发展历史以及与它密不可分的.NET 平台。但是要从计算机上真正地运行一个 C#程序，我们要首先安装好 C#语言的编译环境。在这里不得不提 C#这门语言的又一个优点——编译环境以及编程工具的安装十分简便。用户只需要直接安装微软的 Visual Studio 2013，C#所需的编译环境和相应的编程工具都包含在里面了，下面就以 Visual Studio 2013 为例详细演示如何安装 Visual Studio 2013，力求让没有多少计算机基础的初学者也能顺利地配好 C#语言的运行环境。

首先从相应的官网下载安装程序，如图 1-2 所示。

图 1-2　下载安装包

下载完成后解压，双击其中的 VS 安装程序，如图 1-3 所示。

如图 1-4 所示选择安装路径，注意预留空间要足够大，因为 Visual studio 所需的空间十分惊人。

选择好安装路径以后就可以选择所安装的功能，如图 1-5 所示。读者可以根据自己的需要灵活地安装所需要的功能。

之后按照提示一步步安装，在最后安装程序会提示安装成功，如图 1-6 所示。

在重新启动以后就已经为 C#程序的运行准备好了一切条件，之后直接进入 Visual Studio 创建第一个应用程序，由于我们是初学者，所以先创建空白应用程序，如图 1-7 所示。

到这一步已经完成编写程序之前的一切准备工作，在下一章我们将真正着手实际的语言教学，从 C#语言最基本的概念开始讲起，深入浅出地展开 C#这门语言的语法以及编程规范。

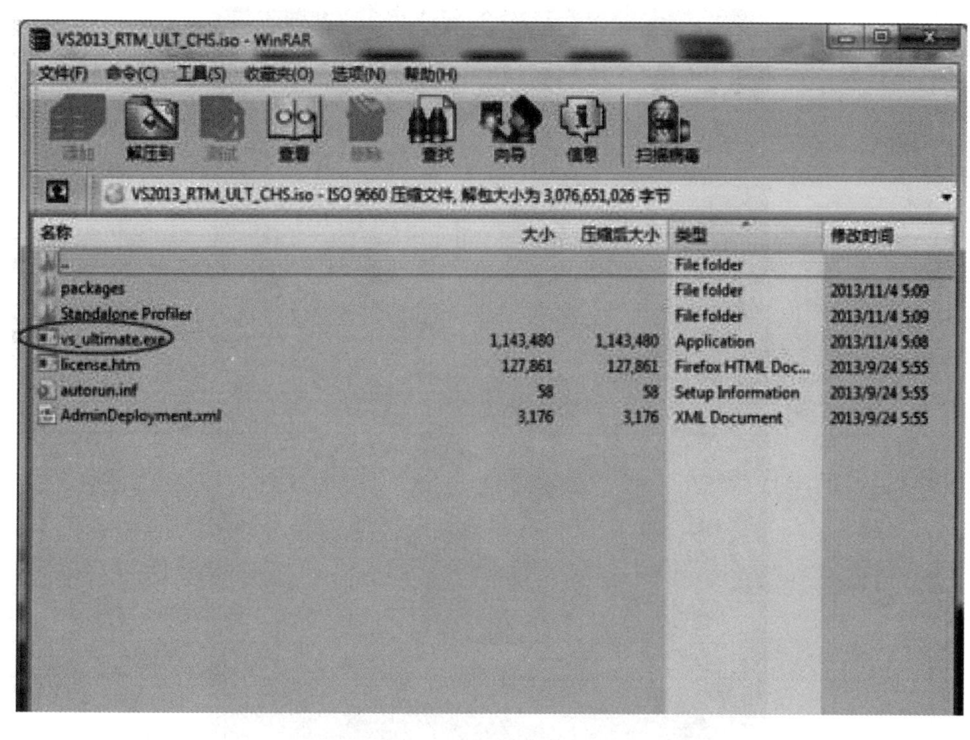

图 1-3 解压安装包

图 1-4 选择安装路径

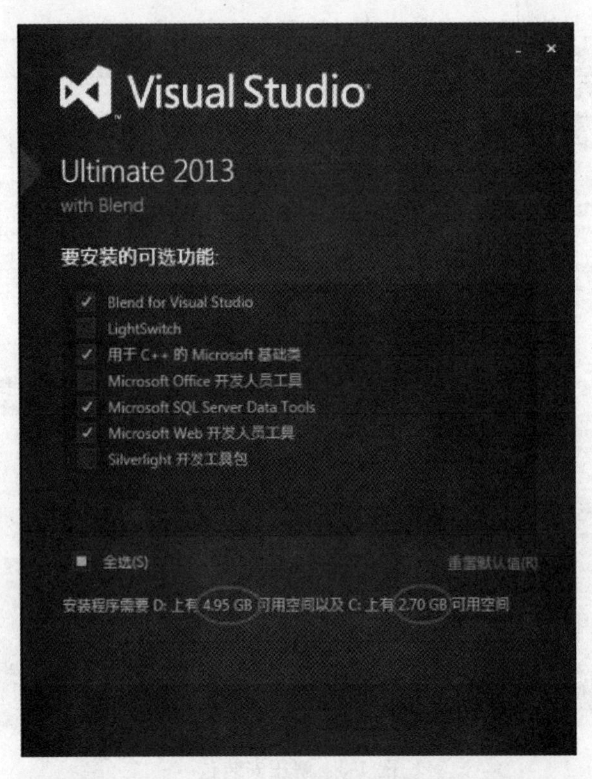

图 1-5　选择安装功能

图 1-6　安装成功

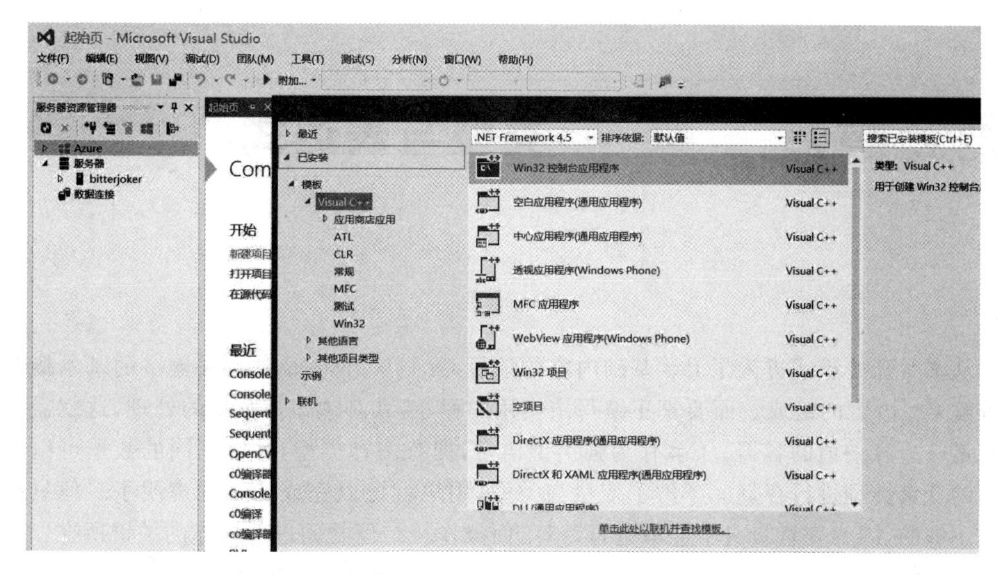

图 1-7　创建第一个 C# 程序

小　　结

在本章中首先介绍了 C# 这门语言的发展历史和现状，然后进一步讨论了.NET 的平台设计，为了让读者更快地进入到 C# 的编程，我们详细展示了如何完整地安装 C# 的运行环境“Visual Studio 2013”。

习　　题

习题 1-1　说出 C# 的创始团队的领导者。

习题 1-2　讲出 C# 产生的历史背景。

习题 1-3　.NET 平台编译过程中的两个重要组成部分是什么？

习题 1-4　.NET 平台在现代编程环境中有什么不可取代的优势？

习题 1-5　.NET 平台有什么先进的设计理念？

习题 1-6　.NET 平台编译的流程是怎样的？

习题 1-7　简述 Visual Studio 2013 的安装流程。

第2章 类型与表达式

从本章开始正式进入了C#基础内容的学习，我们从语句、语法和关键字的基本概念开始讲解C#语言的组成。而要真正编写出实用的程序，就必须包括数据的处理，这就需要使用变量——容纳值的容器。C#作为强类型语言，拥有多种类型，针对不同的数据可以采用不同的变量类型进行存储。了解了变量与类型，用户就可以完成变量的声明了。但只有变量是不够的，因为变量自身不能够进行计算，而操作符是值之间进行操作的关键所在。变量与操作符的有序组合就形成了表达式，变量的赋值和计算才得以完成。

2.1 语　　句

语句(statement)是能执行一个操作的命令，通过不同语句的组合来创建方法，实现程序的功能。我们已知的main函数就是方法，本书将在第4章中详细介绍方法。C#语句遵循一个规则集，对语句的格式与构成进行了描述的规则叫作语法(syntax)。我们在学习汉语和英语时语法学习也是重要的一部分内容，一个句子有主语、谓语、宾语，这些内容都是语法成分，而它们按照某种顺序排列就组成了语法。编程语言的语法也是类似，这里请看一则简单的语法：

```
<条件语句> ::= if <条件> then <语句>[else <语句>]
```

这是PL/0的一条语法，在制作编译器的过程中程序员根据这条语法来识别输入程序，通过识别语法成分<条件>、<语句>以及关键字if和then来判断输入程序是否为一个条件语句。在编程时也要按照这样的语法编程，否则会被编译器视为错误程序。PL/0语言十分简单，是编译原理学习训练的入门内容，C#语言与PL/0语言相比要复杂得多，主要体现于语法规则的复杂，因此就不在此列出C#语言的语法规则了。

而一个语句如果只是遵守语法可能仍然让人困惑。以汉语为例，按照主谓宾的语法组成句子，我们可以写出这样一条语句：老虎喷了一瓶汽油。这条语句显然符合语法规则，但却没有意义，原因在于这条语句没有语义。因此，一条语句除了应该遵守语法规则以外还应有它的语义，规定一个语句应该做什么的规范统称为**语义**(semantic)。

学习任何语言，关键之处就在于了解它的语法和语义，并采取一种自然的、符合语言习惯的方式来使用语言。

2.2 标　识　符

想象一下汉语或英语，如果我们只掌握了语言的语法和语义，我们将仍然不能够真正使用这门语言，因为语法和语义只是指明了语法成分，并无实际内容。如果我们对汉字或者英语单词一无所知，显然是无法写出一个句子的。C#语言也是一样，我们也需要了解这门语言的"单词"，这样才能真正地写出实际的语句。这些"单词"称为**标识符**(identifier)，它是用来对程序中的各个元素进行标识的名称。其中，程序的元素包括命名空间、类、方法和变量等。C#语言的标识符需要遵循以下规则：

```
identifier = (letter | '_' | '@') {letter | digit | '_'}
```

即只能使用字母(大/小写)、数字、下画线和@，并且第一个字符必须是字母、下画线或@。例如_student、Iniesta、teacher2 是合法的标识符，而 score!、5ring 不是合法的标识符。

C#语言保留了 77 个标识符，程序员不能重用这些标识符，这些标识符称为**关键字**(keyword)，每个关键字都有着特殊的含义。我们可以将对关键字含义的学习当成 C#语言初步学习的主线，可以说每个关键字的背后都有它的故事。表 2-1 列出了 C#语言的 77 个关键字。

表 2-1　C#的 77 个关键字

关键字				
abstract	as	base	bool	break
byte	case	catch	char	checked
class	const	continue	decimal	default
delegate	do	double	else	enum
event	explicit	extern	false	finally
fixed	float	for	foreach	goto
if	implicit	in	int	interface
internal	is	lock	long	namespace
new	null	object	operator	out
override	params	private	protected	public
readonly	ref	return	sbyte	sealed
short	sizeof	stackalloc	static	string
struct	switch	this	throw	true
try	typeof	uint	ulong	unchecked
nusafe	ushort	using	virtual	void
volatile	while			

2.3　C#变量类型

变量(variable)是容纳一个值的存储位置。它就像一个容器，具有容纳的值。变量需要有唯一的名称，名称的存在便于引用容器容纳的值。例如要存储一个人的年龄信息，可以创建一个名为 age 的变量，并将年龄信息——一个整数存储到 age 变量中，以后引用 age 变量获取的值就是之前存储的年龄值。

2.3.1　变量的命名规范

变量的命名应该存在一种规范，否则可能与其他关键字产生混淆。在一般情况下，变量的命名要遵守以下规则：

- 名称不要以下画线开头。
- 变量名称最好以小写字母开头。
- 对于由多个单词组成的变量名采用驼峰命名法，即之后的单词首字母大写。例如对于 my student count 信息，变量名应为 myStudentCount。
- 变量名之间最好不要区分大小写，即两变量名之间的区别不能只是大小写的不同。例如已经声明了一个名为 Var 的变量，就不用再声明名为 var 的变量了。

2.3.2 声明变量

在声明变量时必须指定它将容纳的数据的类型。变量的类型和名称要在一个声明语句中声明，例如存储一个人的年龄信息 age 应该用整型变量 int 存储，所以声明语句如下：

```
int age;
```

在声明好变量后可以对其赋值。

```
age = 21;
```

等号(=)是赋值运算符，它起到的作用是将右值赋给左边的变量。之后就可以通过变量名 age 引用存储的值。例如：

```
Console.WriteLine(age);
```

它的作用是将 age 的值输出到控制台。

2.3.3 变量的类型

C#是一种强类型语言，具有多种变量的类型，对于不同的信息采用相应的类型存储能够提高存储效率。一般将变量类型分为值类型和引用类型两种，值类型包括基本类型、枚举、结构体，引用类型包括类、接口、数组和委托。值类型和引用类型的根本区别在于值类型容器内储存的是值，而引用类型容器内储存的是值的地址，如图 2-1 所示。

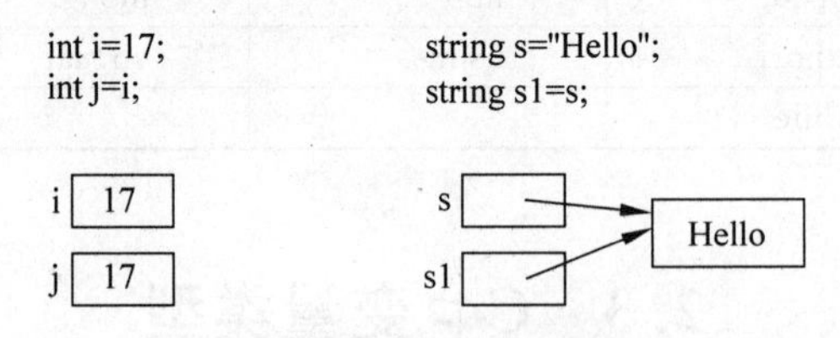

图 2-1 值类型与引用类型的不同

对于引用类型，其真正的值存在于堆中，而容器自身存在于栈中。值类型的容器名称和内容都存在于栈中，相对而言引用类型比较简洁，容易理解。对于引用类型，我们有必要再深入谈谈。对于图 2-1 中的"string s="Hello";"语句其实可以分为 3 个步骤。首先在栈中创建一个名为 s 的指针空间，之后在堆中找到某一位置存储字符串 Hello，最后将栈中的指针空间指向堆中的字符串。而对于"string s1=s;"语句，可以理解为首先在栈中创建一个名为 s1 的指针空间，再找到 s 所指向的堆空间，最后指向堆中存储的字符串。也就是说，s1 和 s 指向同一个堆空间，一旦堆中的 Hello 字符串被删除，s1 所指的内容就不复存在了，这条语句并非简单的赋值。

2.3.4 基本数据类型

上文中提到的枚举、结构体、类等复杂数据类型都是由基本数据类型组成的，只有先掌握了基本数据类型的用法才能够运用复杂的数据类型。本节将介绍 C# 中的基本数据类型，表 2-2 列出了基本数据类型的相关信息。

表 2-2 基本数据类型

数据类型	描　述	范　围	示　例
int	整数	$-2^{31} \sim 2^{31}-1$	int count; count=12308;
long	长整数	$-2^{63} \sim 2^{63}-1$	long count; count=12308L;
float	浮点数	$\pm 1.5\times 10^{-45} \sim \pm 3.4\times 10^{38}$	float var; var=0.123F;
double	双精度浮点数	$\pm 5.0\times 10^{-324} \sim \pm 1.7\times 10^{308}$	double var; var=0.123;
decimal	货币值	$\pm 1.0\times 10^{-28} \sim \pm 7.9\times 10^{28}$	decimal dollar; dollar=0.42M;
string	字符串	无	string s; s="Hello";
char	字符	$0 \sim 2^{16}-1$	char ch; ch='a';
bool	布尔值	true 或 false	bool boolean; boolean=true;

2.3.5 字符串

在基本数据类型中字符串是比较特殊的一个，值得重点介绍。它的声明方式如下：

```
string s = "Toni"
```

- 字符串的使用不只有初始化，字符串之间可以使用“+”进行连接。例如：

```
s + "Kroos"
```

- 字符串也可以使用索引取出一个字符，例如 s[1]，这就取出了第二个字符"o"。
- 可以获取字符串的长度，即 s.Length。
- 字符串是引用类型，但字符串之间可以使用“==”和“!=”进行值的比较：

```
if ( s == "Toni")
```

- String 类还提供了很多其他的方法，例如 CompareTo 用于字符串之间按照字典序比大小，IndexOf 可获取字符串中的子串或 Unicode 字符的索引，Substring 用于在字符串中检索子串，等等。

2.3.6 变量的使用

变量被声明后会被赋予一个随机的值,这个值就是目前这个变量所在地址所包含的数据内容,可能是其他已结束的进程执行后的数据残余,无论如何,这个值都与目前的程序无关,应当被明确赋予一个新的值才有意义。在C和C++语言中使用未赋值的变量是合法的,这样也就产生了很多的bug,而C#不允许使用未赋值的变量。声明的变量必须先赋值再使用,否则无法通过编译。下面展示了这种错误,如图2-2所示。

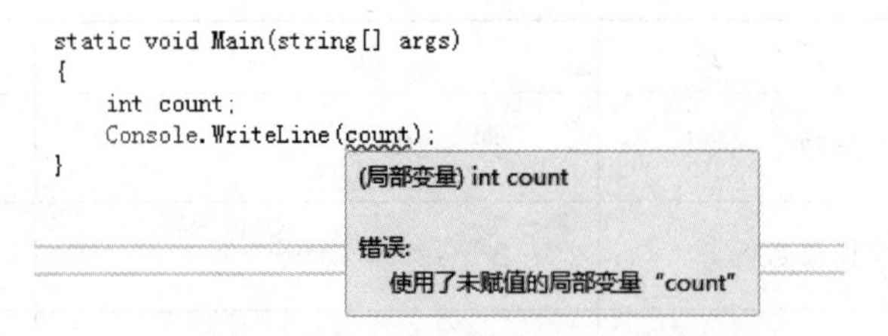

图2-2 Visual Studio 2013的编译结果

由此可见,对于声明的变量一定要记得初始化。

2.4 操 作 符

对于程序中声明的变量,如果只能储存值,那么变量就变得没有意义,变量间能够运算是非常必要的,由此引入了**操作符**(operator)的概念。操作符是用于值之间操作的字符,通过值之间的运算产生新值。相关的操作符如下。

- 基本操作符:(x)、x.y、a[x]、x++、x--、new、typeof、sizeof、checked、unchecked。
- 一元操作符:+、-、~、!、++x、--x、(T)x。
- 乘法操作符:*、/、%。
- 加法操作符:+、-。
- 移位操作符:<<、>>。
- 关系操作符:<、>、<=、>=、is、as。
- 相等操作符:==、!=。
- 逻辑与:&。
- 逻辑非:^。
- 逻辑或:|。
- 条件与:&&。
- 条件或:||。
- 条件判断:c? x:y。
- 赋值操作符:=、+=、-=、*=、/=、%=、<<=、>>=、&=、^=、|=。

操作符连接起了标识符,让变量之间得以计算。但并非所有的操作符都适用于所有数据类型。对于不同的值的类型,它所能够应用的运算符也不同。例如int、char、long、float、double适用于所有的运算符,而string和bool类型的变量只适用于+运算符,其他的运算符不能使用。

2.5 算术表达式

2.5.1 算术表达式简介

算术表达式是由标识符和操作符有意义地排列所得的组合，它描述了变量或常量之间的运算结果。就像是数学中的算式，表达式指导着程序的运算法则。例如：

(a＋b)/(a－b)

一般来说，一个算术表达式往往包括多个操作符，它们之间的运算顺序并非简单的由左向右。对于一个复杂的表达式，需要根据操作符之间的关系确定运算顺序，这需要引入操作符的优先级的概念。

2.5.2 优先级

优先级(precedence)控制着一个表达式中各个操作符的运算顺序，保证了表达式无歧义。若操作符之间没有优先级关系，那么算术表达式的计算可能会出现问题。例如下面的表达式：

1＋2*3

若操作符＋和*之间没有优先级规则，可以先计算1＋2也可以先计算2*3，这样就会得到不同的运算结果，使得表达式结果有歧义。

在C#中乘法操作符(*、/、%)的优先级高于加法操作符(＋、－)，因此对于表达式1＋2*3，按照规则必须先计算2*3，得到的结果是唯一的。

若一个表达式拥有多个相同优先级的操作符，例如下面的表达式：

3*4/2

则必须按照由左至右的顺序计算。但若想改变运算顺序，就需要**结合性**(associativity)的概念，即通过加入括号改变表达式的运算顺序。括号内的子表达式拥有更高的优先级，应该先计算。对于表达式3*(4/2)，则应先计算4/2。

2.5.3 类型的转换

1. 隐式转换

对于一个操作符的若干操作数，操作数的类型不同也会对运算结果产生影响。例如，一个int类型变量和一个long类型变量间做运算，所得的结果应该是什么类型？在运算过程中发生了隐式的类型转换，所得结果是long类型的。对于算术表达式来说，类型转换有如下规则：**两种类型运算所得的结果应能包含两种类型，且最小是int类型**。即取两操作数类型中更大的类型作为结果，且最小是int类型。这样做是为了防止数据溢出。若int类型和long类型变量相加所得的结果取为int类型，很有可能造成实际结果与逻辑结果不符，因为long类型的变量可能已经超出了int类型的范围，因此应取范围更大的类型作为结果。

2. 显式转换

显式类型转换又叫强制类型转换，程序员可以决定一个变量在何时、何地进行类型转换。例如下面的程序：

```
long i = 10;
int x = (int)i;
```

变量 i 在声明时是 long 类型，在赋值给 x 时通过(int)将其类型转换为 int 类型。但由于显式转换是由程序员定义的，错误地使用有可能导致数据丢失。例如刚才的程序，将范围更大的长整型 i 转换为 int 类型是存在风险的。

除此以外，还可以使用函数完成类型的转换。例如下面的程序：

```
int variable = 10;
Console.WriteLine(variable.ToString());
```

通过调用 ToString()将 int 变量 variable 转换为 string 类型，其值就变为了"10"。

小　结

本章介绍了变量的声明、赋值与修改，同时介绍了操作符的相关概念，具体使用方法如下。

变量的声明：数据类型＋变量名＋分号(int age;)。变量的命名要遵守一定的规则。

变量的赋值与更改：变量名＋赋值操作符(＝)＋新的表达式＋分号(age＝21;)，这可能会发生类型的转换。

将 int 转换成 string：

```
string s;
int count = 20;
s = count.ToString();
```

其他类型也可以通过 ToString 转换成字符串。在后续的学习中我们会发现很多输出都是以字符串形式输出的，因此请务必掌握。

操作符的优先级：操作符之间有优先级的区别，若想自己定义运算顺序，就需要使用括号。例如(a＋b)％c。

习　题

习题 2-1　判断下列命名是否符合标识符的命名规范：count、count2、2count、_count、Count、Answer＄、@if、while、place_of_interest。

习题 2-2　试说明值类型和引用类型的不同。

习题 2-3　编程实现：检测字符串"abbabbcab"中是否含有子串"bca"，并比较两字符串的大小关系。

习题 2-4　编程实现：编写简单的计算器，要求在控制台输入两个整数，用字符串形式输出两个整数的和、差、乘积。

第3章 控制语句

3.1 条件语句

3.1.1 布尔变量

在2.3.4节中简要介绍了C#中的基本数据类型。对于一个布尔变量，它的值只能为true或者false，这体现了程序的特点，和数学一样，一个事情非黑即白。例如要判断一个int类型的变量是否大于5，显然，这个问题的结果只能为是(true)与不是(false)，不会存在一个模棱两可的结果。这就是**布尔表达式**(boolean)的例子，一个布尔表达式的值一定是true或者false。

对于布尔变量的声明与使用，请看例程3-1。

```
class Program
{
    //例程3-1
    0 个引用
    static void Main(string[] args)
    {
        bool gender_male;//bool变量的声明
        gender_male = true;//bool变量的赋值
        Console.WriteLine(gender_male);
    }
}
```

在这里声明了一个名为gender_male的bool变量，表示性别为男性。在第2行对这个布尔变量赋值。再次强调，bool变量只能容纳两个值——true和false。我们将gender_male的值赋成true，在最后输出true。

3.1.2 布尔操作符

布尔变量除了可以像上面直接赋值外，还可以通过表达式的计算为布尔变量赋值。表达式是由标识符和操作符组成的，本节将介绍几个可以算出布尔值的操作符。

1. 取反操作符

取反操作符用叹号(!)表示，可以将布尔值true变为false，也可以将false变为true。这里修改一下例程3-1，请看下面的例程3-2。

```
class Program
{
    //例程3-2
    0 个引用
    static void Main(string[] args)
    {
        bool gender_male;//bool变量的声明
        gender_male = true;//bool变量的赋值
        Console.WriteLine(!gender_male);//输出gender_male的取反
    }
}
```

我们将输出结果改为“! gender_male”,对原值取反后输出的结果变为图 3-1 所示。

图 3-1　例程 3-2 的执行结果

这说明取反操作符! 已经将布尔变量 gender_male 取反,原值为 true,现在变为 false 了。

2. 相等与关系操作符

取反操作符只能对一个操作数作用,而相等操作符“==”与不等操作符“!=”可以进行两个操作数之间的比较。对于相等操作符“==”,若左右两操作数相等,则结果为 true; 若两操作数不等,则结果为 false。不等操作符“!=”可以理解为相等操作符的取反,若左右两操作数相等,则结果为 false; 若两操作数不等,则结果为 true。例程 3-3 演示了相等操作符的使用。

```
class Program
{
    //例程3-3
    0 个引用
    static void Main(string[] args)
    {
        int count = 69;
        bool result;
        result = (count == 89);//将count的值和89相比,不等,结果为false,赋值给result
        Console.WriteLine(result);//输出result
    }
}
```

相等操作符两端的操作数为 count 和 89，二者若相等则结果为 true；若不等则结果为 false。不等操作符的使用与之类似，在此不做赘述。

注意区别赋值操作符“＝”和相等操作符“＝＝”，若在判断时误写成了(count＝89)，则会把 89 赋值给 count，起不到判断的效果。

以上两个操作符用于判断操作数之间的相等关系，除此之外还存在可以判断大小关系的操作符——关系操作符，它可以判断一个值是否小于或大于另一个同类型的值。表 3-1 展示了关系运算符。

表 3-1　关系运算符

操作符	含义	实例(count＝69)	结果
＜	小于	count ＜ 89	true
＜＝	小于等于	count ＜＝69	true
＞	大于	count ＞ 89	false
＞＝	大于等于	count ＞＝ 69	true

它们的使用与相等操作符类似。

3. 条件逻辑操作符

在 C# 中还有两个操作符与上述介绍的略有不同，即逻辑与(&&)操作符和逻辑或(||)操作符，它们的操作数是两个布尔表达式的结果，即两个操作数本身就是 true 或 false。这两个操作符的计算规则见表 3-2 和表 3-3。

表 3-2　逻辑与的计算

<table>
<tr><td colspan="3">逻辑与 &&</td></tr>
<tr><td>左操作数</td><td>右操作数</td><td>结果</td></tr>
<tr><td>true</td><td>true</td><td>true</td></tr>
<tr><td>true</td><td>false</td><td>false</td></tr>
<tr><td>false</td><td>true</td><td>false</td></tr>
<tr><td>false</td><td>false</td><td>false</td></tr>
</table>

表 3-3　逻辑或的计算

<table>
<tr><td colspan="3">逻辑或||</td></tr>
<tr><td>左操作数</td><td>右操作数</td><td>结果</td></tr>
<tr><td>true</td><td>true</td><td>true</td></tr>
<tr><td>true</td><td>false</td><td>true</td></tr>
<tr><td>false</td><td>true</td><td>true</td></tr>
<tr><td>false</td><td>false</td><td>false</td></tr>
</table>

简单来说，只有当两操作数都为 true 的时候逻辑与的结果才为 true，只有当两操作数都为 false 的时候逻辑或的结果才为 false。为了提高运算效率，C# 提供了快速求得结果的功能，不用将两个表达式的结果都算出来。对于逻辑与运算，如果左操作数计算出的值为 false，那么不管右操作数是 true 还是 false，最终的结果都为 false。对于逻辑或运算，如果左操作数计算出的值为 true，那么不管右操作数是 true 还是 false，最终的结果都为 true。这

样简化了运算，只需计算一个操作数就可以得出结果。

有了条件逻辑操作符，我们可以将多个布尔表达式进行组合。例如，可以判断一个数是否在一个区间内，请看例程 3-4。

```
class Program
{
    //例程3-4
    0 个引用
    static void Main(string[] args)
    {
        int count = 69;
        bool result;
        result = (count <= 100)&&(count >= 50);//判断count是否在50到100之间
        Console.WriteLine(result);//输出result
    }
}
```

count <= 100 判断 count 是否小于等于 100，得到的结果为 true。count>=50 判断 count 是否大于等于 50，得到的结果为 true。两个结果 true 进行逻辑与，得到的结果仍为 true。说明 count 是在 50 到 100 之间的。

而条件逻辑操作符同样适用于 3 个或更多的布尔表达式，例如例程 3-5。

```
class Program
{
    //例程3-5
    0 个引用
    static void Main(string[] args)
    {
        int count = 69;
        int cnt = 50;
        bool result;
        result = (count <= 100)&&(count >= 50)&&(cnt < 60);//判断count是否
                                                //在50到100之间，判断cnt是否小于60
        Console.WriteLine(result);//输出result
    }
}
```

这和算式 1+2+3 是一个道理，由左到右依次计算。即先计算(count <= 100)&&(count >= 50)，得到的结果为 true，再计算 true&&(cnt < 60)，得到最终结果。若想改变运算顺序，可以加上括号提高优先级。

3.1.3 if 语句

前面介绍了布尔表达式的运算，使用上述操作符得到的最终结果仍为布尔值，得到的布尔值有什么用呢？应该如何用呢？本节开始介绍 if 语句，它是根据布尔表达式的结果对程序的执行进行方向的选择。对于不同的布尔值，程序的执行会进入不同的代码块。

1. if 语句的结构

对于 if 语句的作用，上文说得比较抽象，读者仍然难以理解。了解了 if 语句的结构，读者会对 if 语句的作用有更直观的认识。

if 语句的语法形式如下：

```
if (布尔表达式)
    语句 1
```

```
else
语句2
```

其中,if 和 else 是 C#的 77 个关键字中的两个。

如果布尔表达式的值为 true,就执行语句 1,语句 1 执行完后跳到紧跟着语句 2 后面的语句,即跳过了语句 2。如果布尔表达式的值为 false,就跳过语句 1,直接执行语句 2。

从这里可以看出 if 语句的作用,它创建了一个分支,根据布尔表达式的值(true 和 false)的不同会进入不同的分支中,最终在 if 语句结束后两条分支合并。

例程 3-6 展示了 if 语句的基本用法。

```
class Program
{
    //例程3-6
    0 个引用
    static void Main(string[] args)
    {
        int score = 95;
        if (score >= 60)
            Console.WriteLine("pass"); //score>=60为true时
        else
            Console.WriteLine("fail");//score>=60为false时
        Console.WriteLine("out of the if statement");
        //无论布尔表达式的值为多少都会执行上句
        Console.ReadLine();
    }
}
```

这个程序是判断成绩通过与否的。对于 score 的值,如果它大于等于 60,就输出 pass,否则输出 fail,布尔表达式是(score>=60)。语句 1 是"Console. WriteLine("pass");",语句 2 是"Console. WriteLine("fail");",不管执行了语句 1 还是语句 2,最终都会输出"out of the if statement"。执行结果见图 3-2。

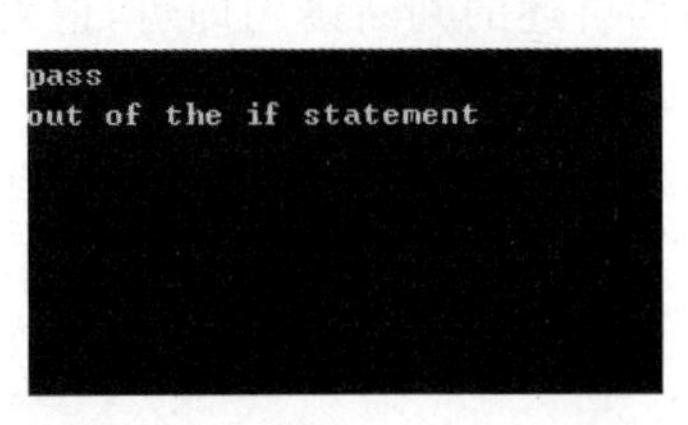

图 3-2　例程 3-6 的执行结果

在 3.1.2 节中还学习了多种操作符组成的布尔表达式,由简单到复杂,都可以成为 if 语句判断的标准。

如果 if 语句后没有 else 语句,则执行情况变为如果布尔表达式的值为 true,则执行语句 1;若为 false,则直接执行 if 语句之后的语句。

在学习相等操作符时已经告诫读者不要将相等操作符"=="和赋值操作符"="混淆。假如要判断 score 是否等于 60,在 if 语句中应写成 if (score==60),但如果误写成了 if (score=60),这就不再是一个布尔表达式,而变成赋值操作了,这在编译时会查出错误。请读者不要将这两个操作符混淆。

其实,if(布尔表达式)的后面可以不止一条语句。对于判断后的语句的执行,也可以是多条语句的执行,这时可以将多条语句放到一个**代码块**(block)中,即通过大括号界定的一个新的作用域。具体见例程 3-7。

```
class Program
{
    //例程3-7
    0 个引用
    static void Main(string[] args)
    {
        int score = 95;
        bool pass;
        if (score >= 60)
        {
            Console.WriteLine("pass"); //score>=60为true时
            pass = true;
        }
        else
        {
            Console.WriteLine("fail");//score>=60为false时
            pass = false;
        }
        Console.WriteLine(pass);
        //无论布尔表达式的值为多少都会执行上句
        Console.ReadLine();
    }
}
```

在 if 和 clsc 语句后的执行语句都变为了两句,这时需要用大括号建立代码块,这样代码块内的语句就都可以执行了。最后一行的"Console. ReadLine();"是为了防止程序闪退,让程序等待读入字符,这样就不会闪退了。

2. 嵌套的 if 语句

有时对于一件事情的处理可能不止有两种情况,例如成绩的评定。有的科目最终成绩是通过与不通过,有的科目则是按分数将成绩划分为优、良、中、一般和不通过。对于以通过或不通过给成绩的科目,使用前面讲述的判断语句即可,但对于分级更细的科目,只有 if 和 else 后的两条语句显然不够,这就需要使用嵌套的 if 语句了。在一个 if 语句中嵌套其他 if 语句可以将多个布尔表达式连接起来依次测试。具体情况见例程 3-8。

```
class Program
{
    //例程 3 - 8
    static void Main(string[ ] args)
    {
        int score = 95;
        if (score >= 90)
            Console.WriteLine("A");          //score >= 90
        else if(score >= 80)
            Console.WriteLine("B");          //score >= 80 && score < 90
        else if (score >= 70)
            Console.WriteLine("C");          //score >= 70 && score < 80
        else if (score >= 60)
            Console.WriteLine("D");          //score >= 60 && score < 70
        else
            Console.WriteLine("fail");       //score < 60
```

```
        Console.ReadLine();
    }
}
```

第一个 if 语句判断 score 是否大于等于 90，如果满足条件，输出 A。若不符合条件，则进入第二个 if 判断，判断 score 是否大于等于 80，若满足条件，输出 B，否则执行后续语句，只有当第一个和第二个布尔表达式的值都为 false 时才会执行"Console.WriteLine("C");"，以此类推。直到判断到 score 是否大于等于 60，若在 60 到 70 之间，输出 D，否则输出 fail，判断彻底结束。通过嵌套的 if 语句可以进行更加细致的判断。

3.1.4 switch 语句

虽然嵌套的 if 语句能够进行多路判断，但有时这些 if 语句看起来十分相似，再回顾一下例程 3-8，每个 if 语句中的布尔表达式十分相似，只是数字上有略微的不同。用户可以将嵌套的 if 语句改写成 switch 语句，以简化代码的编写工作。

1. switch 语句的结构

switch 语句的结构如下：

```
switch ( 控制表达式 )
{
case 常量表达式 1:
    语句 1;
    break;
case 常量表达式 2:
    语句 2;
    break;
…
…
default:
    语句 n;
    break;
}
```

控制表达式最开始求值一次，之后根据它的值进入不同的分支。若控制表达式的值等于常量表达式 1，则开始执行语句 1；若控制表达式的值等于常量表达式 2，则开始执行语句 2；若和所有的常量表达式都不相等，则进入 default 块(默认块)，执行语句 *n*。default 块相当于一种收尾处理，如果之前的所有 case 都不符合，则进入这个默认处理中。

注意： *每个语句后都要有一个 break 语句。break 的意思是跳过这个 switch 语句，不再参与其他的 case 语句。这和 C 语言与 Java 不写 break 就继续执行之后的 case 语句不同，C# 要求每个 case 语句都要有 break，不可以默认向下继续执行。*

若两个不同的常量表达式执行相同的语句，则可以将这两个 case 写在一起，形如：

```
case 常量表达式 k:
case 常量表达式 k + 1
    语句 k;
    break;
```

这样，在两种情况下都会执行语句 k。

2. switch 语句的使用

下面给出一个根据数字输出星期几的程序，请看例程 3-9。

```
//例程 3 - 9
static void Main(string[] args)
{
    int date = 3;
    switch(date)
    {
        case 1:
            Console.WriteLine("Monday");
            break;
        case 2:
            Console.WriteLine("Tuesday");
            break;
        case 3:
            Console.WriteLine("Wednesday");
            break;
        case 4:
            Console.WriteLine("Thursday");
            break;
        case 5:
            Console.WriteLine("Friday");
            break;
        case 6:
            Console.WriteLine("Saturday");
            break;
        case 7:
            Console.WriteLine("Sunday");
            break;
        default:
            Console.WriteLine("error!");
            break;
    }

    Console.ReadLine();
}
```

这里的控制表达式就是 date，根据 date 的值进入不同的 case 中，并输出不同的结果。若 date 不等于 1 到 7 的任何一个值，则进入 default 块中。总而言之，无论 date 的值是多少都只会输出一条结果，即只执行一个块内的语句。

用户也可以将对得分进行评级的例程 3-8 改写成用 switch 语句实现，大家最容易想到的实现方法如下：

```
int score = 95;
switch(score)
{
    case 100:
```

```
        case 99:
        case 98:
        case 97:
        case 96:
        case 95:
        case 94:
        case 93:
        case 92:
        case 91:
        case 90:
            Console.WriteLine("A");
            break;
        case 89:
        …
    }
```

这种实现方法直观，将每一个得分的可能都写出，这样只要 score 在 90 到 100 之间就可以输出 A。但这种方法简单粗暴，写起来比较麻烦。用户可以通过对 score 的一个小处理实现简化，请看例程 3-10。

```
//例程 3 - 10
static void Main(string[] args)
{
    int score = 95;
    switch(score/10)
    {
        case 10:
        case 9:
            Console.WriteLine("A");
            break;
        case 8:
            Console.WriteLine("B");
            break;
        case 7:
            Console.WriteLine("C");
            break;
        case 6:
            Console.WriteLine("D");
            break;
        default:
            Console.WriteLine("fail");
            break;
    }

    Console.ReadLine();
}
```

这里将 score 除以 10，可直接得到 score 的十位，去掉 score 的个位。这里的除法和数学中的除法不同，不取余数，向下取整。例如，95/10 所得的结果为 9，而不是 9.5。score/10 后，结果为 9 和 10 的数代表了 score 在 90 到 100 之间的所有整数；结果为 8 的数代表了

score 在 80 到 89 之间的所有整数。这样的处理让 switch 语句变得简洁。

3. switch 语句的使用说明

switch 语句虽然很方便，但它的使用是存在限制的，不是在所有情况下都可以使用 switch 语句。本节将介绍使用 switch 语句时的限制。

首先只能对 int 和 string 类型的变量使用 switch 语句，即控制表达式必须是 int 类型或者 string 类型。对于 float 和 double 类型的数据，只能使用 if 语句。

其次不允许两个 case 标签有相同的值。

另外可以不写 default 语句，如果所有的 case 标签都不符合这个变量，则直接执行 switch 语句之后的语句。

3.2 循环语句

3.1 节介绍了如何使用 if 和 switch 结构创建分支，选择性地执行语句。本节将介绍循环结构，从而能够重复执行一个或多个语句。

3.2.1 while 语句

while 结构是循环结构中的一种，while 语句的语法如下：

```
while (布尔表达式)
{
    语句 1;
    语句 2;
    …
}
```

当布尔表达式的值为 true 时将会重复执行语句 1、语句 2 等所有 while 循环内的语句。但若布尔表达式的值恒为 true，则程序会一直在 while 循环中执行，跳不出 while 循环，我们称这种情况为死循环。有时是人为设定的，若 while 循环之后仍有语句，死循环的出现会导致程序不能执行结束，即永远也到达不了 while 循环之后的语句。一般来说都会设计布尔表达式的值，使它经过一定的循环后变为 false，跳出循环，执行后续的语句。

下面的例程 3-11 实现了计算从 1 一直累加到 100 的值。

```
//例程 3 - 11
static void Main(string[] args)
{
    int i = 1;
    int result = 0;
    while (i <= 100)          //i<=100 是布尔表达式,当 i>100 时会跳出循环
    {
        result += i;          //对 i 累加
        i++;                  //每经过一次循环 i 的值增加 1
                              //累加 100 次后布尔表达式的值为 false
    }
    Console.WriteLine(result);
    Console.ReadLine();
}
```

result 开始设为 0,i 开始设为 1，result+=i 的含义与 result= result+i 相同,即对 result 自身加 i。i++的含义是对 i 自身加 1,与 i+=1 和 i=i+1 的语义相同。之所以每次循环都对 i 加 1 是为了控制循环次数。由于布尔表达式是 i<=100,所以当 i 不断增加直到 i>100 时布尔表达式的值变为 false 就会跳出循环。从 i=1 开始到 i=100 一共循环了 100 次,而 result 从 0 开始依次与 1、2、3 直到 100 求和,所得的值就是 1 到 100 的和。

如果 i 在 while 语句之前赋值为 101,则布尔表达式 i<=100 的值为 false,就不会进入 while 循环中了。

在该例程中 i 的作用不只是成为 result 的加数,它起到的更重要的作用是控制了循环次数,我们称它为哨兵变量,由于它的存在,程序才有退出 while 语句继续执行的可能。如果不设置哨兵变量,则有可能陷入死循环。下面给出一个陷入死循环的实例：

```
//错误事例
static void Main(string[] args)
{
    int i = 1;
    int result = 0;
    while (true)            //布尔表达式恒为 true,无法跳出循环
    {
        result += i;        //对 i 累加
        i++;                //每经过一次循环 i 的值增加 1
    }
    Console.WriteLine(result);
    Console.ReadLine();
}
```

在这里布尔表达式变为了 true,没有之前的哨兵变量 i 不再能控制循环次数了,i 会一直累加,不会跳出 while 循环。while 循环之后的 Console.WriteLine(result)也就不会输出了。请看程序执行的情况,如图 3-3 所示。

图 3-3　死循环的执行结果

我们看到只有一个光标在闪烁。不是执行结束,而是程序仍在执行当中,说明程序已经陷入了死循环。因此在编程时请避免出现死循环,方法是使用哨兵变量,经过一定的循环次

数后就退出。

3.2.2 for 语句

在学习 while 语句的时候一般设置一个哨兵变量控制循环的次数。对于哨兵变量的使用首先要将其初始化，之后哨兵变量的值要在循环执行的过程中不断修改，直至达到布尔表达式为 false 的条件才跳出循环。其结构如下：

```
哨兵变量初始化
while(布尔表达式)
{
    循环语句;
    哨兵变量更改;
}
```

for 语句同样能够实现循环，与 while 不同的是它将哨兵变量的初始化与更改也加入了 for 语句中成为重要部分。for 语句的结构如下：

```
for(哨兵变量初始化 ;布尔表达式 ;哨兵变量更新)
{
    语句 1;
    语句 2;
    …
}
```

这里的布尔表达式一般应与哨兵变量有关，这样在 for 语句的头部就完成了对循环次数的控制。在大括号中就可以专心地编写循环执行的内容了。下面请看实现输出 1 到 100 的例程：

```
//例程 3 - 12
static void Main(string[] args)
{
    for (int i = 1; i <= 100;i++)
    {
        Console.WriteLine(i);
    }
}
```

int i ＝1 是哨兵变量的初始化，i＜＝100 是布尔表达式，它控制了循环的次数，而 i＋＋是将哨兵变量更新。这样完成了 100 次执行，它们之间用分号隔开。

注意：哨兵变量的初始化只在循环开始前执行一次，之后进入 for 循环。先对布尔表达式的值进行检查，若为 false 跳出循环，若为 true 执行循环体内的语句，执行完后再进行哨兵变量的更新，之后再检查布尔表达式的值，如此往复。更新后对于例程 3-11，各语句的执行顺序是这样的：

```
int i = 1;                    //哨兵变量的声明与初始化
Console.WriteLine(i);         //i = 1
i++;                          //i <= 100 为 true,继续循环
Console.WriteLine(i);         //i = 2
```

```
i++;                        //i<=100 为 true,继续循环
Console.WriteLine(i);       //i=3
i++;                        //i<=100 为 true,继续循环
…
Console.WriteLine(i);       //i=100
i++;                        //i=101,布尔表达式的值为 false,退出循环
for 循环之后的语句
```

for 循环头部的哨兵变量初始化、布尔表达式、哨兵变量更新都可以省略，**但它们之间的分号是不能省略的**。若省略布尔表达式，则变成：

```
for (int i = 1;  ;i++)
{
    Console.WriteLine(i);
}
```

布尔表达式的省略会让原有的位置默认为 true，那么将陷入死循环，因为 i 无论怎么改变都无法使布尔表达式为 false。

若省略哨兵变量初始化与哨兵变量更新的语句则会变成这样：

```
int i = 1;
for ( ; i<= 100;)
{
    Console.WriteLine(i);
}
```

没有 i 的更新，i<=100 也恒为 true，这依然是一个死循环。执行结果见图 3-4。

图 3-4　修改 for 语句导致的死循环

用户可以在 for 语句中写入多个初始化语句和多个更新语句，它们之间用逗号隔开。例如：

```
for (int i = 0, j = 100 ; i <= j ; i++, j-- )
{
    …
}
```


读者可以尝试将例程 3-10 改写成由 for 语句实现。

3.2.3 do while 语句

通过学习 for 语句和 while 语句，我们发现，如果初始情况下布尔表达式的值就为 false，那么就不会执行循环体内的语句了。do while 语句则不然，它会保证循环体内的语句最少能够执行一次。do while 语句的结构如下：

```
do
{
    语句 1;
    语句 2;
    …
}
while(布尔表达式);
```

do 的意思是“做”，进入 do while 语句最开始先“做”一次循环体内的语句，然后检查布尔表达式是否为 true，若为 true 就进入循环执行，若为 false 就跳出循环，这样保证了循环体内的语句最少能够执行一次。下面使用 do while 语句实现输出 1 到 100，请看例程 3-13。

```
//例程 3 - 13
static void Main(string[] args)
{
    int i = 101;
    do
    {
        Console.WriteLine(i);
        i++;
    }
    while (i <= 100);
}
```

这里故意将 i 的初值设为 101，使布尔表达式的值为 false。根据对 do while 语句的理解，相信读者应该能够确定这个程序的输出，如图 3-5 所示。

这也就体现了它和 for 语句、while 语句的不同：在初始状态下，不管布尔表达式的值为 true 还是 false 都要执行一次循环体内的语句，之后再检查布尔表达式的值。

3.2.4 break 与 continue

break 与 continue 这两个关键字常用于循环体内。在学习 switch 语句的时候我们已经见到过 break，它起到的作用是跳出 switch 语句。而在循环中，break 的作用是跳出循环，执行循环后的语句，哪怕布尔表达式的值仍为 true 也要终止这个循环。请看例程 3-14。

```
//例程 3 - 14
```

图 3-5　例程 3-13 的输出结果

```
static void Main(string[] args)
{
    for (int i = 1; i <= 100;i++)
    {
        Console.WriteLine(i);
        if (i == 5)
            break;
    }
}
```

这个程序是使用 for 循环输出 1～100 的数，但在循环体中添加了一个 if 判断，若 i==5，则跳出这个循环。注意，当 i 等于 5 的时候仍然满足 i<=100 为 true，但 break 的存在强制跳出了循环，所以程序的最终输出结果只有 1～5 的整数，之后的数不再输出，因为已经跳出了循环。其执行结果如图 3-6 所示。

continue 的作用是跳过本次循环内的语句，直接执行下一次的循环语句。

```
//例程 3 - 15
static void Main(string[] args)
{
    for (int i = 1; i <= 100;i++)
    {
        if (i == 5)
            continue;
        Console.WriteLine(i);
    }
}
```

进入第 5 次循环时 i 等于 5，满足 if 判断条件，执行 continue。那么将跳过这次循环的

图 3-6　例程 3-14 的执行结果

后续语句，即本次循环不再执行 Console. WriteLine(i)，也就是程序不会输出 5。i 加 1 后不再符合 if 判断条件，之后的 Console. WriteLine(i)都会正常输出。程序的执行结果见图 3-7。

图 3-7　例程 3-15 的执行结果

continue 语句的使用让人比较困惑，一般来说编程时要谨慎使用 continue 语句，而 break 语句作为整个循环的终止有时是必要的。

小　　结

本章介绍了两种常用的控制结构——循环控制结构与条件结构。加上顺序结构，读者已经可以设计复杂的程序了。具体的控制语句示例如下。

if 语句：

```
if (score >= 90)
    Console.WriteLine("A");
else if(score >= 80)
    Console.WriteLine("B");
else if (score >= 70)
    Console.WriteLine("C");
else if (score >= 60)
    Console.WriteLine("D");
else
    Console.WriteLine("fail");
```

switch 语句：

```
switch(score/10)
{
    case 10:
    case 9:
        Console.WriteLine("A");
        break;
    case 8:
        Console.WriteLine("B");
        break;
    case 7:
        Console.WriteLine("C");
        break;
    case 6:
        Console.WriteLine("D");
        break;
    default:
        Console.WriteLine("fail");
        break;
}
```

while 循环：

```
while (i <= 100)
{
    result += i;
    i++;
}
```

for 循环：

```
for (int i = 1; i <= 100;i++)
```

```
{
    Console.WriteLine(i);
}
```

do while 语句：

```
do
{
    Console.WriteLine(i);
    i++;
}
while (i <= 100);
```

习　　题

习题 3-1　编程实现：输出 10 000 以内的所有素数。

习题 3-2　编程实现：将十进制数 117 转化为二进制数输出。

习题 3-3　编程实现：使用辗转相除法求 48 和 18 的最大公约数。

第4章　方法与作用域

第2章和第3章讲述了C#中的类型和表达式以及所有编程语言中最为基本的3个控制语句，有了这些知识，相信读者对C#的编程已经有了初步的理解，在Main函数下也应该能写一些具有基本功能的小程序。本章将开始探讨方法，它其实与C++语言中的函数有着极为相似的特点；还将介绍如何利用好实参和形参向方法传递信息，以及如何利用return语句从方法返回信息；最后将添加一些使用方面的教程，例如如何用Visual Studio 2013进行方法的调试，这方面的知识在实际编程中十分有用。

4.1　创建方法

方法(Method)是一个用大括号包含起来的语句序列。其实它和C++中的函数极为相似，甚至功能上也大同小异。以前接触过其他编程语言的读者可以更快地理解这一部分。每一个方法都有一个名称和一个主体。方法名(Method Name)应该是一个合法的标识符，习惯上通常以方法的功能命名相应的方法。方法主体(Method Body)包含方法被调用时实际执行的语句。此外，用户还可以向方法提供一些数据供它处理，并可以让它返回一些信息(通常是处理结果)。方法是一种基本的、功能强大的编程机制。

4.1.1　声明方法

C#的方法声明格式如下：

```
Returntype A(Parameter List)
{
    //body
}
```

Returntype是一个返回的类型名称，它指定了本方法返回的数据是什么样的类型，一般C#中的方法的返回类型可以是任何类型，比如int或者string。需要特别注意，一旦在此处指定了方法返回的类型，在方法的主体部分最后要加上返回的值。如果这个方法不需要返回任何值，则方法返回类型里的关键字要换为void。

代码段中的A代表方法名，是调用这个方法所需要用到的固有名称。方法名所遵循的标识符命名规则和变量名一致。例如，add是一个有效的方法名，而1add是一个无效的方法名，因为标识符的开头不能使用数字。通常来说，在C#编程语言中应该对方法名采用camelCase命名风格，而且习惯以一个动词开头，例如addCustomer，使方法的用途以及拼写一目了然，增加代码的可读性。

代码中的 Parameter List 代表的是这个方法的参数表，这一部分可以为空，它描述了声明方法将要用到或者将要接受的数据的类型和名称。参数的说明和变量的声明方式保持一致。在两个或更多的参数之间要以逗号隔开。

代码中的 body 部分是两个大括号之间的位置，方法中所要执行的语句都要写在两个大括号之间的位置。

下面是一个完整的方法声明的代码段：

```
void showExample()
{
    System.Console.WriteLine("Hello");
}
```

这个代码段声明了一个名称为 showExample 的 C# 方法，注意这里的返回类型声明部分使用的是关键字 void，所以这里不用声明返回值。showExample 方法的作用是控制台输出 Hello 字样。在这里对方法中的语句看不懂没关系，在后面的章节会有关于输入和输出的详细讲解。用户在这里只需要理解 C# 中方法声明的格式即可。

下面是另外一个 C# 方法声明的实例：

```
class NumberManipulator
{
    public int findMax(int num1, int num2)
    {
    /* 局部变量声明 */
        int result;

        if (num1 > num2)
        result = num1;
        else
        result = num2;

        return result;
    }

}
```

上面的代码片段显示一个函数 findMax，它接受两个整数值，并返回两个数中的较大值。它有 public 访问修饰符，所以它可以使用类的实例从类的外部进行访问。建议读者在自己的计算机上尝试运行这个方法，看一看运行结果是怎么样的。

4.1.2 从方法返回数据

如果希望一个方法不返回任何数据，需要在声明方法的过程中使用 void 关键字；但如果希望从方法返回一些对我们有用的数据，换而言之令方法的返回类型不是 void，我们必须在方法的内部写一个返回语句。

为此，首先应写上 return 关键字，然后在它后面添加一个表达式（这个表达式负责把方法将要返回的值计算出来），最后别忘了加一个分号。需要特别注意的是表达式计算的结果类型应该和一开始方法声明的返回数据类型相一致。换句话说，如果当时返回类型声明的是 int,那么最后 return 后面表达式的结果也务必是 int 类型。

下面是一个例子:

```
public int findMax(int num1, int num2)
{
    …
    return result;
}
```

return 语句必须放在方法的 body 部分最后,因为 return 同时也是一个结束符号,它会导致整个方法的结束,所有在 return 后面的方法语句都不会被执行。在很多程序员写的程序中 return 语句后面直接跟分号或者根本没有 return 语句,这也是一种常见写法,代表方法什么也不返回,但不建议初学者学习这种写法,只要方法的返回类型声明不是 void 关键字,在方法最后一定要加上 return 语句。

4.1.3 方法的调用

声明方法的终极目的自然是要使用它。在 C# 中采取和 C 以及 C++ 等语言中一样便捷的方法调用模式,直接使用方法名调用方法,要求其完成它应该完成的任务。如果方法执行的任务需要一些特殊数据,或者方法需要处理一些指定的数据,那么必须给方法提供它所需要的参数。如果方法有返回的数据,我们还需要运用一种机制获取它返回的数据。

先看最简单的方法调用的例子:

```
methodName( argument list)
```

methodName 即为方法名称,必须和要调用的方法的名称完全一致。切记,C# 语言中的大小写是区别对待的。

argument list 即为实参列表,提供了将由方法接受的数据。用户必须为每个参数(形参)提供一个参数值(实参),而且每个实参必须和形参的类型相互兼容,和形参一样,实参同样需要用逗号分隔开来。特别需要注意的是,即使方法没有形参列表,实参列表的圆括号也是必需的。对于需要数据或者需要对数据进行处理的方法来说传递参数这一过程是必不可少的。

下面看一个方法调用的实例,这里以上面的 findMax 方法为例。findMax 的声明部分如下:

```
public int findMax(int num1, int num2)
{
    /* 局部变量声明 */
    int result;
    if (num1 > num2)
    result = num1;
    else
    result = num2;
    return result;
}
```

由上面的代码可以看出,findMax 的返回类型是 int 类型,它拥有两个形参,分别是 int

类型的 num1 和 num2。同样在调用它的时候需要两个 int 类型的实参，如下所示：

```
findMax(12,9);
```

注意，调用方法语句仍然是一个完整的语句，所以最后要加上一个分号。同样，运用变量代替数字常量作为实参也是允许的，并且是非常常用的。例如下面这种情况：

```
int a = 100;
int b = 200;
findMax(a,b);
```

代码中的 a 和 b 都是 int 类型的变量，也可以作为调用方法的实参。需要注意的是，既然 findMax 的返回类型是 int 类型，我们就应该以一种方式获取这个方法所返回的值，下面这种方法最为常用：

```
ret = findMax(a,b);
```

代码中的 ret 是一个 int 类型的变量，由它获取右边方法返回的 int 类型的结果，使我们能方便地捕捉到一个方法所返回的值。

到这里关于方法的声明和调用的所有知识基本上讨论完毕，相信读者对于方法的使用有了一个基本的了解。一些读者也许会对方法声明前面的修饰关键字感到不理解，其实形如上面 public 的关键字用来说明方法的可访问性。一般有下面几种修饰词：private、protected、internal、public，在后面的章节中将详细介绍这几个关键字。下面看一段完整的方法声明与使用的代码：

```
using System;

namespace CalculatorApplication
{
    class NumberManipulator
    {
        public int FindMax(int num1, int num2)
        {
            /* 局部变量声明 */
            int result;

            if (num1 > num2)
                result = num1;
            else
                result = num2;

            return result;
        }
        static void Main(string[] args)
        {
            /* 局部变量定义 */
            int a = 100;
            int b = 200;
            int ret;
            //调用 FindMax 方法
```

```
            ret = findMax(a, b);
            Console.WriteLine("最大值是: {0}", ret );
            Console.ReadLine();
        }
    }
}
```

这段代码的作用是比较 100 和 200 两个值的大小，并将最大值输出。在这段代码中也许有许多还没接触过的内容，我们只需要将方法的相关代码看懂即可。读者可以自己在计算机上运行一下，运行结果如图 4-1 所示。

图 4-1　运行结果

4.1.4　重载方法

方法重载是指在同一个类中方法同名、参数不同，调用时根据实参的形式选择与它匹配的方法执行操作的一种技术。

这里所说的参数不同是指以下几种情况：

- 参数的类型不同。
- 参数的个数不同。
- 参数的个数相同时它们的先后顺序不同。

符合上述条件的方法就可以说成是方法被重载(overloaded)。例如下面这种情况：

```
protected void A()
{
    Console.WriteLine("aaaaaaaaaaa");
}
protected void A(string s, int a)
{ //正确的方法重载
    Console.WriteLine("cccccccccc");
}
```

两种方法重名，名称都为 A，但这种情况是可以被允许的。因为两者的参数列表的信息不一致，属于方法重载。在调用的时候系统会自动根据不同的参数表信息寻找到对应的方法。示例如下：

```
A();
A("str",2);
```

根据实参列表可以看出，第一个调用对应上一代码段的第一个方法，而第二个调用对应第二个代码段。需要特别注意的是，返回类型不同不能作为重载的标准。换而言之，不能声明只是返回类型有区别的两个同名方法。

4.2 作 用 域

通过前面几个例子，我们知道可以在方法内部创建变量。这种变量的生存期起始于它的定义位置，结束于方法结束的时候。换而言之，在同一个方法内只有在声明语句之后的语句可以使用声明的变量。

一个变量的**作用域或范围**(scope)是指该变量能发挥作用的一个程序区域。除了变量，方法也有相应的作用域。作用域规则告诉我们一个变量的有效范围，它在哪儿创建，在哪儿销毁(也就是说超出了作用域)。变量的有效作用域从它的定义点开始到和定义变量之前最邻近的开括号配对的第一个闭括号。也就是说，作用域由变量所在的最近一对括号确定。

在C#中一般有两种变量，一种是在方法中声明的变量，它的生命周期只能在方法中，其他方法和其他类都不能与它有任何交集；第二种是在类中声明的变量，它不属于任何方法，我们通常称之为**字段**(field)。例如下面这种情况：

```
class Program
{
    int P = 0;
        public int FindMax(int num1, int num2)
        {

            /* 局部变量声明 */
            int result;

            if (num1 > num2)
                result = num1;
            else
                result = num2;

            return result;
        }
        static void Main(string[] args)
        {
            /* 局部变量定义 */
            int a = 100;
            int b = 200;
            int ret;
            Program n = new Program();
            ret = n.FindMax(a, b);
            Console.WriteLine("最大值是: {0}", ret);
            Console.ReadLine();

        }
}
```

这里的变量P即为字段，它可以被类中所有的方法使用。

小　　结

在本章中主要讨论了方法和作用域，通过大量实例让读者对方法从声明到调用有了一个基本的理解，并对 C# 中的作用域规则有一个大概的介绍，使读者对编程语言中普遍存在的作用域有一个较深的了解。

习　　题

习题 4-1　用 Visual Studio 2013 编写一个整数计算器，具有加、减、乘、除 4 项功能即可，但必须运用方法知识将相应功能封装为单独的方法。

习题 4-2　简要说明作用域规则，C# 中的变量作用域分为哪几种情况？

习题 4-3　写出下列代码的输出：

```
using System;

namespace CalculatorApplication
{
    class NumberManipulator
    {
        public int factorial(int num)
        {
            /* 局部变量定义 */
            int result;

            if (num == 1)
            {
                return 1;
            }
            else
            {
                result = factorial(num - 1) * num;
                return result;
            }
        }
        static void Main(string[] args)
        {
            NumberManipulator n = new NumberManipulator();
            //调用 factorial 方法
            Console.WriteLine("6 的阶乘是: {0}", n.factorial(6));
            Console.WriteLine("7 的阶乘是: {0}", n.factorial(7));
            Console.WriteLine("8 的阶乘是: {0}", n.factorial(8));
            Console.ReadLine();

        }
    }
}
```

（该题涉及递归调用，具有一定的难度）

第5章 数组与参数数组

从理论上说，掌握了程序执行的3种结构(顺序结构(顺序执行)，循环结构(for 、while循环)和选择结构(if、switch语句))之后就能够编写所有的程序了，但实践起来仍然比较困难。因为程序的组成除了算法还需要数据结构，关于数据的存储是要有规划的，这会让数据的读/写更加容易。本章将介绍一种数据结构——数组。**数组**(array)是一个无序的元素序列，所有的元素类型相同，可以通过整数索引访问任何一个元素，就像数学中的数列一样。有了数组，用户就可以方便地顺序存入大量相同类型的数据，并且可以通过索引快速地取出数据。

5.1 数组

5.1.1 一维数组

一维数组(one-dimension arrays)是数据线性排列的数组。在使用一维数组时和普通变量一样，首先要声明一个数组变量。先写类型名称，再输入一对中括号，最后写数组变量的名称。形如：

```
int [] array;
```

在第2章中已经学习了值类型和引用类型的区别。数组是引用类型，因此刚才所做的数组声明只是在栈中开辟了一个引用地址，真正用来存储数组的数据空间还未开辟，之后就要进行数组实例的创建。首先写关键字 new，后跟元素类型名称，最后输入一对中括号，中括号内写上所创建数组的大小。形如：

```
array = new int [10];
```

当然，数组变量的创建和实例的创建可以写成一条语句：

```
int [] array = new int [10];
```

通过实例的创建，堆中的数组空间才算是真正分配好了，栈中的引用地址也指向了堆中的数组元素。这条语句分配了一个具有10个元素的int类型数组，即这个数组可容纳10个int类型的变量。这10个变量的索引是从0到9，而不是从1到10。在计算机世界中，第1个元素往往从0开始记起，和我们平时的习惯不同。若要取数组的第5个元素，即索引值为4的元素，使用一对中括号并在中间写入4即可。形如：

```
int b = array[4];
```

到这里数组已经彻底创建好了，那么如何向其中存入数据呢？其实数组初始化的方法有很多，下面来一一介绍。

在实例创建语句的最后添加大括号，在其中写入初始化的值即可。例如：

```
int [] array = new int [5] {1,3,5,7,9};
```

这样就对数组的 5 个元素进行了初始化。array[0]为 1，array[1]为 3，array[2]为 5，array[3]为 7，array[4]为 9。注意，若在实例的创建中指定了数组的大小，那么初始化的值必须和数组大小匹配才行。即 array 数组的大小是 5，那么 5 个元素都要进行初始化。如果写成了“int [] array = new int [5] {1,3,5};”，则初始化个数与数组大小不符，不能通过编译。

在实例的创建中也可以不指定数组大小而对数组元素直接赋值。形如：

```
int [] b = new int [] {1,3,5,7};
```

数组的大小被省略，但可从赋值元素的个数求得。在该示例中数组 b 的大小为 4，即共有 4 个元素。

除此之外，下面也是省略数组大小直接赋值的方法：

```
int [] c = {1,3,5,7};
```

对于数组的单个元素，可以将它们当成普通变量处理。例如要给数组的第 i 个变量赋值 100，可以写成“a[i-1]=100;”。

下面给出一个一维数组的简单实例：求斐波那契数列。斐波那契数列是“1,1,2,3,5,8,13…”，符合 F(n)=F(n-1)+F(n-2)的规律。

```
//例程 5-1
static void Main(string[] args)
{
    int[] a = new int[10000];
    a[0] = 0;
    a[1] = 1;
    for (int i = 2; i <= 10000; i++)
        a[i] = a[i - 1] + a[i - 2];          //求后续斐波那契数列的值
    for (int i = 1; i <= 10000; i++)
        Console.WriteLine(a[i]);             //输出斐波那契数列
    Console.ReadLine();
}
```

由于斐波那契数列满足前两项之和等于下一项的规律，因此首先应该给出数列的前两项，先对 a[0]、a[1]赋值，之后通过循环迭代求得后续值。

5.1.2 多维数组

可以将一维数组想象成逻辑上线性排列成一行的同一类型变量的集合。二维数组可以理解成若干行、若干列的同一类型变量的集合，逻辑上是一个长方形。三维数组的逻辑视图是一个长方体，以此类推。可以将矩阵的信息作为二维数组来保存，例如：

```
int [ ,] a = new int [2,3];
```

二维数组需要两个索引值,它们之间用逗号隔开。二维数组 a 有两行,每行有 3 个元素,共 56 个元素。用户在使用某一变量时也应写明两个索引值。a[i+1,j+1]表示二维数组的第 i 行中的第 j 个元素。这种二维数组每行的元素个数相同,属于长方形状,它的逻辑视图如图 5-1 所示。

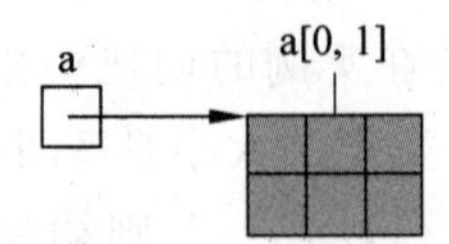

图 5-1　长方形状的二维数组的逻辑视图

二维数组实际上是由若干个一维数组组成的,每一行都可以看成是一个一维数组。二维数组还可以声明为锯齿状,即每一行的元素个数都不同。

```
int [][] a = new int[2][];                    //表示二维数组有两行
a[0] = new int [3];                           //第 1 行有 3 个元素
a[1] = new int[4];                            //第 2 行有 4 个元素
```

这样创建的二维数组的逻辑视图如图 5-2 所示。

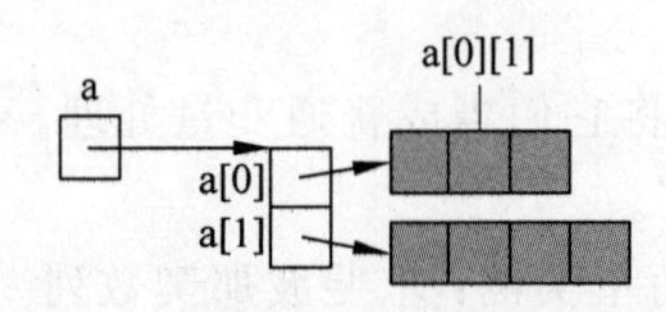

图 5-2　锯齿状的二维数组的逻辑视图

将 a[0]和 a[1]看成一维数组就好理解了。这 3 条语句先声明了数组有几行,注意和长方形状的区别,这里的二维声明使用了两对中括号,并且第 2 对中括号不写大小;而长方形状的声明是一对中括号内写两个数,之间用逗号隔开,形如[,]。请读者思考这两种形式的不同,以及为何要使用两种方法。在声明有几行后,再依次将各行视为一维数组进行实例的创建。

下面介绍二维数组的初始化。

对于长方形状的二维数组可以直接初始化,形如:

```
int[,] a = {{1,2,3},{4,5,6}};
```

和一维数组一样,这同样需要将所有变量进行初始化。和一维数组不同的是,对于每一行的数据需要用大括号,各行之间用逗号隔开。

对于锯齿状的二维数组需要逐行进行赋值,形如:

```
int [][] a = new int[2][];
a[0] = new int[]{1,2,3};
a[1] = new int[]{4,5,6,7};
```

原因显而易见,每行元素的个数不同,不能采用统一的赋值方式。

5.1.3 数组的属性

用户可以获取数组的长度。对于一维数组,通过“数组名.Length”就可以得到数组的长度。例如:

```
int[] a = new int[3];
Console.WriteLine(a.Length);
```

其输出结果是 3。

对于锯齿状的二维数组,情况就不一样了:

```
int[][] b = new int[3][];
b[0] = new int[4];
Console.WriteLine("{0}, {1}", b.Length, b[0].Length);
```

b.Length 实际上获得的是二维数组的行数;而 b[0].Length 获得的是第 0 行的一维数组元素个数,因此程序的输出是“3,4”。

由于长方形状的二维数组每行的元素个数都相同,长度信息的获取又有不同:

```
int[,] c = new int[3, 4];
Console.WriteLine(c.Length);
Console.WriteLine("{0}, {1}", c.GetLength(0), c.GetLength(1));
```

一旦数组的实例被创建,它的长度可以直接计算出来。因此 c.Length 的结果为 12,也就是所有行包括的元素个数。用户还可以获取数组的行数与列数(各维的大小),通过 c.GetLength(0)可以得到第 0 维的大小,也就是二维数组的行数;通过 c.GetLength(1)可以获取二维数组的列数。因此,第 2 条输出语句的结果为 3,4。

除此之外,System.Array 类还有很多实用的类操作,例如数组间的复制、数组的排序等。

```
int[] a = {7, 2, 5};
int[] b = new int[2];
Array.Copy(a, b, 2);
Array.Sort(b);
```

Array.Copy 的第 1 个参数是源数组,第 2 个参数是目标数组,第 3 个参数是要复制的元素个数。这个方法实现了从源数组复制指定个数的元素到目标数组。在实例中,“Array.Copy(a,b,2);”实现了将 a[0]和 a[1]两个元素复制到数组 b 中。Array.Sort 可以将数组进行从大到小的排列,请看例程 5-2。

```
//例程 5 - 2
static void Main(string[] args)
{
    int[] a = new int[3];
    a[0] = 5;
    a[1] = 3;
    a[2] = 1;
    Array.Sort(a);
    for (int i = 0; i < a.Length; i++)
```

```
            Console.WriteLine(a[i]);
    }
```

经过排列，数组输出的结果如下：


```
1
3
5
```

5.1.4 变长数组

变长数组(variable-length arrays)在创建实例时无须指定它的大小，用户可以动态地向数组添加元素。请看例程 5-3。

```
using System;
using System.Collections;
class Program
    {
        //例程 5 - 3
        static void Main(string[ ] args)
        {
            ArrayList a = new ArrayList();
            a.Add("Clark");
            a.Add("Delta");
            a.Add("Alpha");
            a.Sort();
            for (int i = 0; i < a.Count; i++)
                Console.WriteLine(a[i]);

        }
    }
```

注意，使用 ArrayList 要添加一个命名空间——System. Collections。如果不在程序中添加"using System. Collections;"，编译器会报错，提醒缺少 using 指令集。

ArrayList 的用法和普通集合相同，但在声明时无须指定长度。用户可以使用 Add 方法向其中添加元素，也可以使用 Sort 方法对其进行由小到大的排序。例程 5-3 的输出结果如下：

```
Alpha
Clark
Delta
```

了解了数组的相关应用，再加上顺序结构(顺序执行)、循环结构(for、while 循环)和选择结构(if、switch 语句)就可以写出更复杂的程序了。具体的训练将会在习题中体现。

5.2 参数数组

5.2.1 重载

在学习参数数组之前应先了解一下**重载**(overloading)的概念。重载是指在相同的作用域内声明多个同名的方法，以方便方法处理多种类型的参数。例如用户经常使用的Console. WriteLine方法，它能够输出各种类型的变量，实际上就是对各种类型都进行了重载，请看它的定义，如图5-3所示。

```
public static void WriteLine();
public static void WriteLine(bool value);
public static void WriteLine(char value);
public static void WriteLine(char[] buffer);
public static void WriteLine(decimal value);
public static void WriteLine(double value);
public static void WriteLine(float value);
public static void WriteLine(int value);
public static void WriteLine(long value);
public static void WriteLine(object value);
public static void WriteLine(string value);
public static void WriteLine(uint value);
public static void WriteLine(ulong value);
public static void WriteLine(string format, object arg0);
public static void WriteLine(string format, params object[] arg);
public static void WriteLine(char[] buffer, int index, int count);
public static void WriteLine(string format, object arg0, object arg1);
public static void WriteLine(string format, object arg0, object arg1, object arg2);
public static void WriteLine(string format, object arg0, object arg1, object arg2, object arg3);
```

图5-3　Console. WriteLine的定义

对于同样的方法名，它们的参数列表不同(无论是从参数个数还是从参数类型上来看)，因此可以输出各种类型的参数，这就是重载。

对于参数类型不同，重载的方法个数并不多，但要使方法能够适应不同的参数个数，重载的方法个数就无穷无尽了，因为谁也不知道这个方法的使用者到底会一次输出多少个值，难道真的要从1个参数的方法写到100个，1000个参数的方法吗？多亏了参数数组，一个方法可以接受数量可变的参数，万能方法的存在就不需要成百上千的重载了。

5.2.2　使用数组参数

用户可以将数组作为方法的参数，这样可以将数组中的所有元素都传入。例如编写一个计算一组值之和的静态方法plus就可以用一个参数来传递整个数组。请看例程5-4。

```
class Program
{
    //例程 5 - 4
    public static int plus(int [ ] param)
    {
        int result = 0;
        foreach(int i in param)
        {
            result += i;
        }
        return result;
    }
    static void Main(string[ ] args)
    {
        int[ ] a = new int[5];
        a[0] = 1;
```

```
            a[1] = 3;
            a[2] = 4;
            a[3] = 8;
            a[4] = 11;
            int result = plus(a);
            Console.WriteLine(result);
        }
    }
```

在 Main 函数中创建了一个具有 5 个元素的 int 类型数组，并对 5 个元素进行了赋值。将数组名传入方法就计算出了这 5 个元素的和。但若要计算 6 个元素、7 个元素或者更多元素的和，需要再对更多的元素进行赋值。如果使用 params 关键字声明一个参数数组，元素赋值的代码部分就可以省略。

5.2.3 使用参数数组

params 可以用作数组参数的修饰符。这里将例程 5-4 中的 plus 方法参数进行修改：

```
public static int plus(params int [] param)
{   //函数体内部分不变
    int result = 0;
    foreach(int i in param)
    {
        result += i;
    }
    return result;
}
```

在参数前加了 params 关键字，在调用该方法时就可以传递任意数量的参数：

```
int result = plus(1,3,4,8,11);
```

编译器会帮用户把上述调用转换为以下代码：

```
int[] a = new int[6];
a[0] = 1;
a[1] = 3;
a[2] = 4;
a[3] = 8;
a[4] = 11;
int result = plus(1,3,4,8,11);
```

这样做的好处是省去了数组的声明与赋值，直接将值传入方法中即可计算。那么若要计算 6 个值的和，也可以直接调用 plus：

```
int result = plus(1,3,4,8,11,15);
```

对于 params 关键字的使用需要注意以下几点：

- 多维数组不可以使用 params 关键字。
- params 关键字不是方法签名的一部分。也就是说，如果两个方法只有 params 关键字的不同，不能算是重载。

例如：如果已经声明 public static int plus(params int [] param)，则不能再声明 public static int plus(int [] param)。

- 每个方法只能有一个 params 数组参数，并且必须是最后一个参数。

  例如：public static int plus(params int [] param,int i)的声明是不正确的。

- 重载不能有歧义。

  例如：public static int plus(params int [] param)和 public static int plus(int i, params int [] param)存在歧义。当调用 plus(1,2,3)时编译器无法知道第1个参数是属于数组还是 int i，也就不知道调用哪个方法了。

小　结

本章介绍了一维数组以及多维数组的声明与使用，掌握数组的使用方法对大量数据的操作十分重要。数组的使用示例已在下文列出，供读者快速回顾。

一维数组：

```
int[] a = new int[3];
int[] b = new int[] {3, 4, 5};
int[] c = {3, 4, 5};
```

二维数组(锯齿状)：

```
int[][] a = new int[2][];
a[0] = new int[] {1, 2, 3};
a[1] = new int[] {4, 5, 6, 7};
```

二维数组(长方形状)：

```
int[,] a = new int[2, 3];
int[,] b = {{1, 2, 3}, {4, 5, 6}};
int[,,] c = new int[2, 4, 2];
```

重载(overloading)：函数签名不同，参数数量不同，参数类型不同(int /string)，参数种类不同(值类型、引用类型)。返回类型和 params 不是重载的条件。

数组参数：

```
public static int plus(int [] param)
```

参数数组：

```
public static int plus( params int [] param)
int result = plus(1,3,4,8,11);
```

习　题

习题 5-1　通过数组编程实现：求“16,4,6,1,19,4,2,25,13,39”中第二小的数。

习题 5-2　通过数组编程实现：求“16,4,6,1,19,4,2,25,13,39”中第三小的数。

习题 5-3 通过数组编程实现：求 2017 年 1 月 1 日到 2017 年 8 月 20 日经过了多少天。

习题 5-4 通过数组编程实现：输出 n 行 n 列数字阵，它总是以对角线为起点，先横着填，再竖着填。示例如下：

```
1  2  3
4  6  7
5  8  9

1   2   3   4   5
6  10  11  12  13
7  14  17  18  19
8  15  20  22  23
9  16  21  24  25
```

习题 5-5 通过数组编程实现：输出 n 行 n 列蛇形数字阵。示例如下：

```
 1  2
 4  3

 1  2  3
 6  5  4
 7  8  9

 1   2   3   4
 8   7   6   5
 9  10  11  12
16  15  14  13
```

习题 5-6 通过数组编程实现：n 个人排队打水，每个人需要的时间为 t_i，那么第 k 个人等待的时间一共是 $t_1+t_2+\cdots+t_k$。为了提高效率，请安排一个顺序，使得每个人等待时间的总和最少。示例：5 个人打水，每个人的时间依次为 1 4 3 6 9，最少时间是 50。

第6章 理解类和对象

之前的几章分别对变量、语句以及方法等 C#(或者说任何一门编程语言)最基本的元素进行了讨论,相信读者对如何声明变量、如何写条件语句、如何调用自己声明的方法已经有了基本的了解。到这里读者已经对 C# 这门语言有了一些基本认识,可以用基本的语句编写一些功能简单的程序。C# 之所以区别于 C 等面向过程的语言,是因为它是一门面向对象的编程语言。本章学习 C# 语言的核心概念之一——类。

Microsoft 的.NET 库中已经含有大量已经构建好的类,前面几章的代码示例中所用的 Console 类就是其中之一。类提供了一种对应用程序操纵的实体进行建模的便利的机制。实体可以代表一样具体的东西,例如一名客户;也可以代表现实生活中比较抽象的东西,比如现实中的事物。任何软件系统在设计时都要确定所要架构的实体,再进一步进行分析,得出类中应含有什么信息以及类应该实现什么样的功能。一个类容纳的信息存储在字段中,这在第 4 章中提到过,类所要提供的功能用方法来实现。

6.1 值和引用

在接触 C# 的类之前首先简要理解一下 C# 中的值类型和引用类型。在 C# 中值类型的变量直接存储数据,而引用类型的变量持有的是数据的引用,数据存储在数据堆中。

值类型(value type):byte、short、int、long、float、double、decimal、char、bool 和 struct 统称为值类型。如图 6-1 所示,在值类型变量声明后,不管是否已经赋值,编译器都为其分配内存。

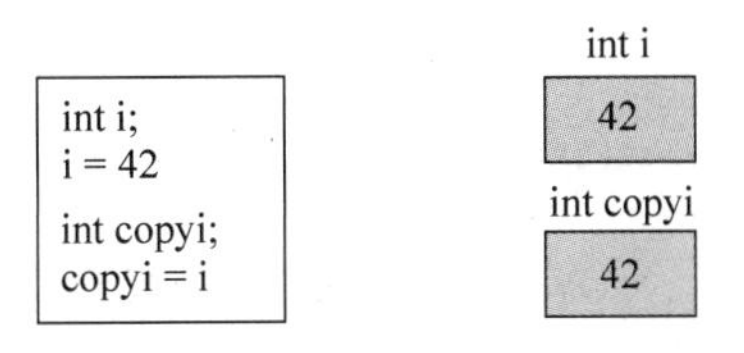

图 6-1 值类型存储

引用类型(reference type):string 和后面将要介绍的 Class 类类型统称为引用类型。如图 6-2 所示,当声明一个类时只在栈中分配一小片内存用于容纳一个地址,而此时并没有为其分配堆上的内存空间。当使用 new 创建一个类的实例时分配堆上的空间,并把堆上空间的地址保存到栈上分配的小片空间中。

从概念上看,值类型直接存储其值,而引用类型存储对其值的引用。下面这段代码是一个很好的例子,读者可以试着理解代码中的值类型和引用类型的区别。

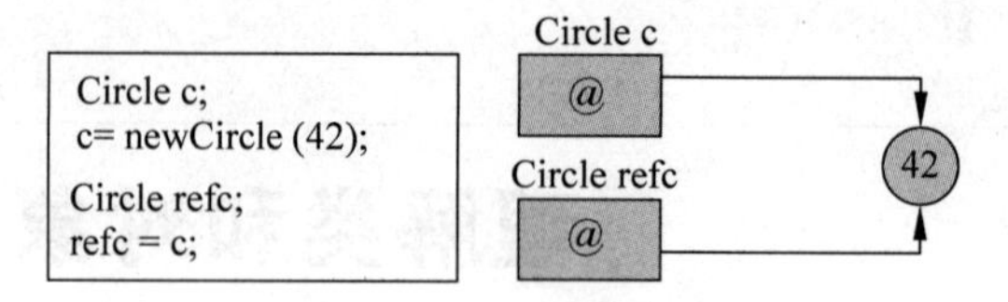

图 6-2 引用类型存储

```
using System;
using System.Collections.Generic;
using System.Linq;
using System.Text;

namespace Parameters
{
    class Program
    {
        static void Main(string[] args)
        {
            Dowork();
        }

        static void Dowork()
        {
            int i = 0;                              //int 是值类型
            Console.WriteLine(i);                   //i = 0
            Pass.value(i);                          //值类型使用的是 i 的副本,i 不变
            Console.WriteLine(i);                   //i = 0

            WrappendInt wi = new WrappendInt();  //创建 WrappendInt 类的另外一个实例
            Console.WriteLine(wi.Number);           //被默认构造器初始化为 0
            Pass.Reference(wi);                     //调用方法,wi 和 param 将引用同一个对象
            Console.WriteLine(wi.Number);           //42
        }
    }

    class Pass
    {
        public static void value(int param)
        {
            param = 42;         //赋值操作使用的是值类型参数的一个副本,原始参数不受影响
        }

        public static void Reference(WrappendInt param)       //创建 WrappendInt 类的一个实例
        {
            param.Number = 42;                      //此参数是引用类型的参数
        }
    }

    class WrappendInt                               //类是引用类型
    {
```

```
            public int Number;
        }
}
```

相应的输出如下：

```
0
0
0
42
```

总的来说，值类型和引用类型的区别如下：

1. 范围方面

C#的值类型包括结构体（数值类型、bool型、用户定义的结构体）、枚举、可空类型。

C#的引用类型包括数组，用户定义的类、接口、委托，object，字符串。

2. 内存分配方面

数组的元素不管是引用类型还是值类型都存储在托管堆上。

引用类型在栈中存储一个引用，其实际的存储位置位于托管堆，简称引用类型部署在托管推上。值类型总是分配在它声明的地方，当作为字段时，跟随其所属的变量（实例）存储；当作为局部变量时，存储在栈上（栈的内存是自动释放的，堆内存在.NET中会由GC自动释放）。

3. 适用场合

值类型在内存管理方面具有更高的效率，并且不支持多态，适合用作存储数据的载体；引用类型支持多态，适合用于定义应用程序的行为。

引用类型可以派生出新的类型，而值类型不能，因为所有的值类型都是密封（seal）的；引用类型可以包含null值，值类型不能（可空类型允许将null赋给值类型，例如“int? a = null;”）。

引用类型变量的赋值只复制对对象的引用，不复制对象本身。在将一个值类型变量赋给另一个值类型变量时将复制包含的值。

6.2 类的声明

在英文中类（Class）是分类（Classification）的词根。设计一个类的过程就是将软件系统中的相关信息分门别类，重新抽象成软件中的类。并且编程中类的划分和现实生活中人们常做的分类并没有本质的区别，所以编程语言中类的这种特性也方便程序员将现实中的事物抽象成软件系统，这样软件工作者就可以将极为复杂的系统抽象成一个个极为基本的类来实现功能。

6.2.1 封装的优点

封装性（encapsulation）的概念是每个对象都包含它能进行操作的所有信息，这个特性称为封装。这样的方法包含在类中，通过类的实例来实现。它的优点有很多，下面几点是比较重要的：

(1) 良好的封装能够减少耦合(比如实现界面和逻辑分离)。

(2) 可以让类对外接口不变,内部可以实现自由的修改。

(3) 类具有清晰的对外接口,使用者只需调用,无须关心内部。

(4) 因为封装的类功能相对独立,因此能更好地实现代码复用。

(5) 可保护代码不被无意中破坏,通过私有字段等实现内部。注意:这里的代码保护不是指代码本身的加密,而是对不想外部更改的代码通过私有实现。

6.2.2 类的定义

在C#中要用class关键字定义一个新类。类的数据和方法位于类的主体中(在两个大括号之间)。下面是一个名为Square的C#类,其中包含一个计算面积的方法和一个数据(边长)。

```
class Square
{
    int length;
    double Area()
    {
        return length * length;
    }
}
```

在类的主体中包含了普通的方法(例如Area)和字段(例如length)。需要特别注意的是,在类中声明的变量称为字段,它区别于在方法中声明的变量。由于方法在第4章中已经接触过,这里不再赘述。

6.2.3 类的使用

Square类的使用和Console类相似。首先创建一个类的实例,换而言之就是创建一个变量,使用Square作为它的类型名称。这里需要注意,在C#中类的实例使用之前需要用到new这个关键字进行初始化。下面是一个例子:

```
Square s;
s = new Square();
```

上面代码中的第1行是声明一个类型为Square、名称为s的变量。第2行用new初始化这个变量。new关键字的作用是为即将使用的变量分配空间,为类中的字段在内存中预留出相应的位置以及进行其他一些初始化操作。和之前的变量声明有些区别,在声明int或者float等类型的变量的时候不需要使用new进行初始化,而是直接对其进行赋值。例如下面的代码:

```
int a;
a = 50;
```

但是对于类类型的变量不能像上述代码那样进行赋值,这里需要注意,类类型不仅包括class等类型,还包括string等变量类型。这样做的原因一是C#并没有提供将文字常量赋给一个类类型变量的语法;二是涉及“运行时”对类类型的变量的内存进行分配和管理的方式，这方面的详细内容将在之后的章节介绍。

有趣的是，类类型的变量可以直接把一个类的实例赋给同一类型的另一个变量，例如下面的代码：

```
Square s;
s = new Square();
Square s1;
s1 = s;
```

需要特别注意，类和对象这两个概念不能混淆，类是一个类型的定义，对象则是该类型的一个实例，是在程序运行时才创建的。简而言之，类是图纸，而对象是按照图纸造出来的实物。

6.3 控制可访问性

我们在上一节创建了 Square 类，令人遗憾的是，这个类目前并不能起什么实际的作用。这是为什么呢？

一旦将方法和数据封装到一个类的内部，类和外部世界就划清了界限。类中的数据和方法只在类中可见，类外部的成员无法见到它们。换句话说，现在 Square 类中的数据和方法都默认是类“私有的”。如果在数据和方法声明之前不指定它的可访问性，编译器会自动默认它是私有的，如果想让这个类发挥实际的作用，我们不可能将所有方法和数据都声明为私有的，所以需要 public 和 private 这两个关键字。

(1) 一个方法或字段如果只能允许在类的内部进行访问，就说它是私有的(private)。如果想将一些方法和字段声明为 private，只需要在声明之前加上 private 关键字即可。前面提到类中默认的可访问性就是私有的，但我们要养成良好的编程习惯，将想要私有的方法和字段显式地声明为 private。

(2) 一个方法或字段如果既能从类的内部进行访问，也能从外部进行访问，就说它是公共(public)的。同样，如果想将一些方法和字段声明为公共的，只需要在声明语句之前加上 public。

这里运用上面提到的方法将之前的 Square 类进行完善，代码如下：

```
class Square
{
    private int length;
    public double Area()
    {
        return length * length;
    }
}
```

在上面的类中，length 被声明为私有类型，只能被类中的方法进行访问，而类外部的方法是无法直接访问 length 字段的。与之相反，Area 方法被声明为 public，说明这个方法是公共的，类中的方法和类外部的方法均可以访问这个方法。

相信有些读者开始注意到在类外使用 Area 方法其实也在间接地使用类中的私有字段

length,为什么不直接让使用者使用 length 字段而要用一个公共方法进行间接使用呢？更多的是出于安全性的考虑,如果直接将字段暴露在所有人面前,则避免不了会发生一些不可预料的错误,而通过类中的方法进行间接调用可以在方法中加入一些安全检查语句,从而使调用变得安全、合法。这也是 C# 中封装性的一种体现。

6.4 构 造 器

本节将会学习 C#类中的一个很重要的概念——构造器。一个东西的出现自然是有原因的,就像构造器一样。那么为什么会有构造器呢？

首先,类都有默认的构造器,不管是否显式定义。当要读取或赋值类中的属性时,需要先用 new 操作符实例化一个类的对象,然后再进行操作。假如有这么一个情况：实例化类的对象之后忘记给字段赋值了,而字段恰好没在声明时进行赋值,那么实例化的对象并没有了实质的意义,因为里面是无效的字段,字段并没有值。一旦这种情况发生多了,编译器也不警告,那么会无缘无故占用内存空间,而且让代码很难读懂。

针对以上问题,我们往往没必要依赖默认构造器,可以显式定义默认构造器,提供在创建对象时指定必需的数据。定义构造器就是创建一个方法名与类名完全相同的方法,而且方法没有返回类型。例如下面的代码：

```
using System;
namespace Test
{
    class Program
    {
        private int a;
        Program() {
            Console.WriteLine("类的构造器被调用");

        }

    }
}
```

此处在 Program 类中声明了一个最简单的构造器,构造器是一种特殊的方法,它在创建类的一个实例时自动运行。它与类同名,可以拥有参数。用户可以用 new 关键字初始化上面的 Program 类：

```
Program P;
P = new Program();
```

输出结果如下：

```
类的构造器被调用
```

这表明 Program 类中的构造器已经被成功调用。在前面的章节讲过,在 C# 中方法是可以重载的。同样,构造器也可以进行重载,换而言之,一个类中可以包含多个构造器,只要每个构造器的参数列表各不相同即可。例如：

```
class Square
{
    private int length;
    public double Area()
    {
        return length * length;
    }
    Square()
    {
        length = 0;
    }
    Square(int i)
    {
        length = i;
    }

}
```

之后在创建一个新的 Square 对象时就可以使用这个构造器：

```
Square s = new Square(20);
```

在生成应用程序时编译器会根据为 new 操作符指定的参数来判断应该使用哪个构造器。在本例中由于传入的是一个 int 值，所以在编译器生成的代码中将调用获取一个 int 参数的构造器。

需要特别注意的是，在 C# 语言中如果一个类中没有显式写出构造器，编译器会默认自动生成一个构造器；如果已经有显式声明的构造器；则编译器不再生成默认的构造器。

小　结

本章对 C# 语言中的类这个核心概念做了一个初步的介绍，因为这个概念实在是太关键了。读者不要指望在这一章就将这一概念吃透，因为类的概念是要在工作与学习中长期钻研的一个概念。这是面向对象编程理念的核心之一。在本章中读者应该掌握类的声明和使用，并对类中的构造器这一特殊方法有一个基本的了解。

习　题

习题 6-1　写出一个 Cirlcle 类，要求能完成面积和周长的计算，字段包括 double 类型的半径。

习题 6-2　说出引用类型和值类型之间的差异。

习题 6-3　将 Circle 类完善，使之在类外部无法直接访问类中的字段，但却能直接使用类中计算面积和周长的方法。

习题 6-4　进一步完善 Circle 类，添加合适数量的构造器，使之能完成以下功能：当 new 的参数为 double 类型时直接赋给半径字段，当参数为 int 类型的时候输出错误信息“圆的半径应该是 double 类型”，当没有参数的时候将半径赋值成 0。

第7章 正确使用类和结构体

7.1 结 构 体

结构体和类一样，包括了字段、方法和构造器，不同的是类是引用类型，结构体是值类型。在第2章中已经介绍了值类型和引用类型的区别，值类型是在栈中储存，而引用类型的数据部分是在堆中。值类型的结构体相比于类对内存管理的开销较小。

7.1.1 结构体的声明

通过对基本数据类型的组合形成复合的数据类型从而表达现实生活中的事物信息，结构体也可以做到这一点。例如对时间这一信息，简单地用int类型的变量是不能表述清楚的，至少应该包括时、分、秒3种信息，而时、分、秒可以用int类型的变量表示，因此可以组成复合的数据类型Time。结构体的声明如下：

```
struct Time
{
    private int hour,minute,second;
}
```

对于结构的字段，和类一样，最好声明为private字段以防止非法修改。对于其初始化，往往使用构造器初始化各字段。另外要注意，在声明字段的同时对其赋值，字段的赋值与修改要在构造器和方法中完成。

```
public Time(int h, int m, int s)
{
    hour = h % 24;
    minute = m % 24;
    second = s % 60;
}
```

对于private字段的获取与修改，往往都要为其添加set与get方法：

```
struct Time
{
    private int hour,minute,second;
    public Time(int h, int m, int s)
    {
        hour = h % 24;
```

```
        minute = m % 24;
        second = s % 60;
    }
    public void setHour(int h)
    {
        hour = h % 24;
    }
    public int getHour()
    {
        return hour;
    }
}
```

在这里只对 hour 字段写了 set 与 get 方法，minute 和 second 也是一样的道理。添加了 set 字段就方便了对 private 字段的修改，而在方法内添加对设置值的合法性判断也可以防止字段被恶意修改，保证其合法性。添加了 get 字段方便了对 private 字段的获取。

7.1.2 结构体的使用

在定义了结构体之后就可以像使用其他类型的变量一样使用它们了。首先介绍实例的创建：

```
class Program
{
    struct Time
    {
        private int hour,minute,second;
        public Time(int h, int m, int s)
        {
            hour = h % 24;
            minute = m % 24;
            second = s % 60;
        }
        //还有各字段的 set、get 方法等，在此省略
    }


    //例程 7-1
    static void Main(string[] args)
    {
        Time t = new Time(19, 12, 59);
        int h = t.getHour();                    //调用 getHour 访问 hour 字段
        Console.WriteLine(h);
        Console.ReadLine();
    }
}
```

在 Time 结构体声明之后，Time 就和 int、string 一样成为编译器承认的数据类型了。Time t 完成了变量在栈上的创建，但其字段值还未赋值，若直接获取其字段值编译器会提示“使用了未赋值的局部变量 t”，这和直接访问一个未初始化的 int 类型变量是一样的。

new Time(19,12,59)通过调用 Time 的构造函数对各字段进行初始化，这样这个变量就可以访问了。若要访问某一字段值，就用这个示例去调用相关的 get 函数。

除此之外，结构体还可以作为方法的参数类型：

```
public void Method(Time t)
{

}
```

7.2 结构体和类的比较

7.2.1 构造函数

用户不能为结构体声明一个无参的构造函数，因为编译器会生成一个默认的无参构造函数。

```
//错误示例
struct Time
{
    private int hour, minute, second;
    public Time()                          //编译错误：结构不能包含显式的无参数构造函数
    {

    }
}
```

有了默认的无参构造函数也可以进行无参的初始化：

```
Time t = new Time();
```

默认的无参构造函数会将相关的字段初始化为 0、false、null，对于 Time 类型的变量 t，所有的字段都会声明为 0。

对于自己写的构造函数，必须初始化所有字段。对于 Time 的非默认构造函数，如果没有初始化所有字段，编译会出现错误：

```
//错误示例
public Time(int h, int m, int s)
{
    hour = h % 24;
    minute = m % 24;
    //漏掉了 second 的声明，不能通过编译
}
```

但是对于类来说，如果非默认的构造函数中没有对所有的字段赋值，未被赋值的变量会被赋为默认值，依然可以通过编译。这一点与结构体是不一样的。

7.2.2 字段的初始化

在结构体中，对于 private 字段不可以在声明的同时进行初始化，而在类中就可以。

```
struct Time
{
    //错误示例
    private int hour;
    private int minute;
    private int second = 0;                    //编译错误:结构中不能有实例字段初始值设定项
}
```

7.2.3 其他不同

类的结构体还有以下不同：

- 类支持继承，结构体不支持继承，但结构体和类可以实现接口。关于继承和接口的内容将在第 8 章和第 9 章详细介绍。
- 类是引用类型，结构体是值类型。
- 类可以有析构函数，而结构体不可以有析构函数。

7.3 选择合适的数据类型

读者已经学习了类与结构体以及它们之间的区别，其实类与结构体的相似点更多，但在编程中什么时候使用类什么时候使用结构体呢？本节将介绍两者在使用上的不同，帮助读者选择合适的数据类型。

7.3.1 基本数据类型和复合数据类型

对于初学者而言，编写简单的程序用到的基本数据类型更多，用单一的数据类型代表一条信息。但编写程序是为了解决现实问题，往往现实的问题难以用一种单一的变量进行表示。在本章开始已经举了例子用 3 个 int 类型的变量表示 Time，也许有的读者会问，表示时间直接用 3 个 int 变量就可以了，为何还要写成一个结构体，内部还要写很多方法，看起来比较麻烦。这是**面向对象编程**(Object Oriented Programming)的体现，它具有 3 种特性，即封装、继承与多态。继承与多态将在后面讨论，封装的特性已经在上文中有了体现：将数据和操作捆绑，将接口与实现分离。对象保存 private 字段和加工数据的算法对于用户而言是隐藏的，用户不必了解实现的细节，但仍然可以通过设计者提供的信息来操作对象，而继承与多态则提高了软件工程的重用性、灵活性和扩展性。总而言之，对于编写大型程序要有软件工程的意识，需要使用面向对象编程的思想，那么类或者结构体便是值得考虑的类型。

7.3.2 类与结构之间的选择

首先了解一下**装箱**(boxing)与**拆箱**(unboxing)。无论是基本数据类型还是复合数据类型，都隶属于 object，它们都是继承于 object 类。int、string 以及自定义的 Time 等数据类型和 object 的关系就像是医生、教师、程序员等职业与人类的关系一样，是具体的表现形式，但也有共同的特点。用户可以将任何类型的值赋给 object 类型的变量，将值类型的变量转换为 object 类型的过程称为装箱。例如做以下声明：

```
object obj = 3;
```

右值 3 是一个 int 类型的变量,在赋值给 obj 的过程中发生了隐式的类型转换,3 由 int 类型的变量转换为 object 类型。数据存储的形式也发生了变化,其示意如图 7-1 所示。

3 这个值被存在堆中,而在栈中建立的 obj 保存了 3 的储存地址,由此可见 object 是引用类型的数据类型。若不进行装箱,直接将 3 赋给一个 int 类型的变量,那么 3 将直接存储在栈中。

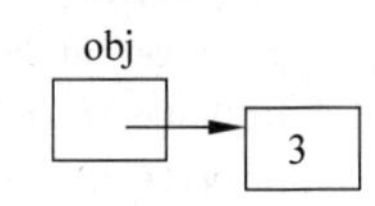

图 7-1 装箱的数据存储

拆箱则是装箱的逆操作,将 object 类型的变量转换为值类型的过程:

```
int x = (int) obj;
```

首先完成了对 obj 的显式类型转换,由 object 类型转换为 int 类型,再将 obj 的值赋给 x。之前 obj 的值储存在堆中,经过类型转换后要将数据 3 从堆中转移到栈中。

对于引用类型的变量来说就不存在装箱与拆箱的问题了,因为引用类型变量的数据本来就是存储在堆中的,和 object 类型的变量一样。它们之间的类型转换不需要将数据在堆与栈中转换,只需在栈中更新一个引用即可。由此可见,值类型的装箱与拆箱产生的开销要大于引用类型与 object 的类型转换。

类是引用类型,结构体是值类型,**如果在要求大量的装箱和拆箱操作的情况下使用,则类的开销要大于结构体的开销**,此时应该更倾向于选择使用结构体。

读者还应当知道,堆中和栈中的数据访问产生的开销也不同,栈中的数据操作更快。引用类型在堆中存取的数据由垃圾回收器管理,而栈中的数据以内联方式分配,超出范围时释放。由此可见值类型的分配和释放开销更小。因此,**如果类型的实例不大,且生存期短或嵌入其他对象,应该考虑结构体**。

除此之外,在"https://msdn.microsoft.com"上的类型设计准则中还给出了以下经验:

(1) 它在逻辑上表示单个值,与基元类型(整型、双精度型等)类似。

(2) 它的实例大小小于 16 字节。

(3) 它是不可变的。

(4) 它将不必频繁地被装箱。

如果一个类型具备以上所有特征,定义成结构体会更好,否则应该定义成类。如果不遵守此准则会对性能产生负面影响。

小　结

本章介绍了结构体的声明以及使用时的注意事项,是类的很好的补充,具体的声明方法已在下文中列出。

结构体的声明:

```
struct 结构体名称
{
    public/private 数据类型 字段名称;      //建议字段权限为 private,且不能在此初始化字段
    public 结构体名称(相关参数)            //构造函数
    {
        //必须将所有字段都初始化
```

```
    }
    public void set 字段(相关参数)         //对用户输入参数进行合法性检查,并复制给相关字段
    {

    }
    public 数据类型 get 字段()             //get 函数,获取相关参数
    {
        return 字段;
    }
    //其他方法
}
```

装箱与拆箱:

装箱是将值类型转换为 object 类型或由此值类型实现的任一接口类型的过程,发生了隐式转换。

拆箱是将 object 类型的变量转换为值类型的过程,发生了显式的类型转换。

习　　题

习题 7-1　请读者自行总结类与结构体的区别。

习题 7-2　编写一个日期结构体 Date,要求如下。

(1) 字段:年 year、月 month、日 day。

(2) 定义一个构造函数,要将所有字段初始化。

(3) 定义 get 和 set 函数,存取私有字段。

(4) 定义一个成员函数 isLeapYear 测试给定的年份是否为闰年,函数的返回类型为 bool 类型。

(5) 定义一个 nextDay 函数,将日期递增 1 天。

(6) 定义成员函数 print(),输出当前日期。

(7) 在任何时候都要保证数据成员的合法性。

编写 Main 函数,测试所要求的功能。

第8章　面向对象编程：继承

继承(inheritance)是面向对象编程的一个极为关键的概念，而C#作为极具代表性的面向对象语言，继承在C#这门语言中也有着极为重要的地位。加入多个不同的类具有大量通用的特性，而且这些类相互之间的关系非常清晰，那么利用继承这个机制就可以有效地减少程序员的工作量。这些类或许是同一种类型下的不同分支，每个类都有它相对于群体独特的地方。例如，一家工厂的经理和体力劳动者都是这个公司的员工。如果需要一个应用程序来模拟这个工厂，应该如何体现经理、体力劳动者以及其他员工的共性和个性呢？也许可以这样，他们都有一个统一的员工身份识别号，但主管所担负的职责和体力劳动者不同，并担负着不同的任务。

在学完本章以后，读者也许会想到将这个工厂的员工声明为一个类，将他们的共性写在这个类中，让经理以及其他员工分别作为它的子类，将他们各自的个性写在自己的类中，这就是继承的一个经典应用。

8.1　继承的概念

为了提高软件模块的可复用性和可扩充性，以便提高软件的开发效率，我们总是希望能够利用前人或自己以前的开发成果，同时又希望在自己的开发过程中能够有足够的灵活性，不拘泥于复用的模块。C#这种完全面向对象的程序设计语言提供了两个重要的特性——继承性(inheritance)和多态性(polymorphism)。

对于多态性会在后面的章节学到，在本章中主要讨论继承。

继承是面向对象程序设计的主要特征之一，它可以让用户重用代码，可以节省程序设计的时间。继承就是在类之间建立一种相交关系，使得新定义的派生类的实例可以继承已有的基类的特征和能力，而且可以加入新的特性或者是修改已有的特性建立起类的新层次。

现实世界中的许多实体之间不是相互孤立的，它们往往具有共同的特征也存在内在的差别，人们可以采用层次结构来描述这些实体之间的相似之处和不同之处。

相应地，如果希望用软件对现实世界中的事物进行建模，我们必须找到一种和现实世界事物逻辑关系类似的机制。继承应运而生，图8-1所示为将脊椎动物和其分支用继承的形式将它们的共性和个性很好地体现在图上。

为了用软件语言对现实世界中的层次结构进行模型化，面向对象的程序设计技术引入了继承的概念。当一个类从另一个类派生出来时，派生类从基类那里继承特性。派生类也可以作为其他类的基类。从一个基类派生出来的多层类形成了类的层次结构。

注意：在C#中派生类只能从一个类中继承。这是因为在C#中人们在大多数情况下

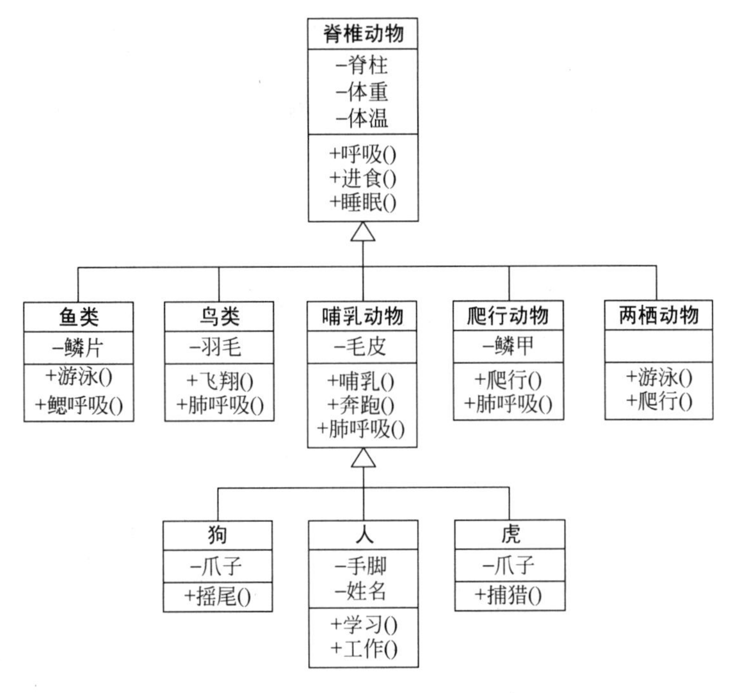

图 8-1　现实世界中的继承实例

不需要一个从多个类中派生的类，从多个基类中派生一个类往往会带来许多问题，从而抵消了这种灵活性带来的优势。

如果我们去问几个有经验的程序员他们如何理解“继承”这个在几乎所有面向对象的编程语言中都具有的特征，往往会有很多答案。因为从本质上讲，继承这个词本身就存在歧义。在程序设计中，继承的问题就是分类的问题——继承反映了一种类和类的关系模式。例如图 8-1，鱼类、哺乳动物都属于脊椎动物。这两种动物都有脊椎动物的共性，但是它们肯定还有自己的特性。在接下来的几节将详细学习如何在程序设计中把现实中这种广泛存在的关系体现在代码中。

8.2　C#继承机制

8.2.1　使用继承

为了声明一个类是从一个已知类继承的，需要使用以下语法：

```
class Son : Father
{
    ...
}
```

Son 类是一个**派生类**(DerivedClass)，它是从 Father 这个**基类**(BaseClass)继承而来的，基类中的方法将会成为派生类的一部分。换而言之，在基类中声明的字段和方法在派生类中都可以直接使用。

需要特别注意的是,在C#中一个类最多只允许从一个其他已知类中继承;不允许从两个或者更多的类派生,换而言之只允许一个类拥有一个基类。除非派生类是sealed类型的(详见后面的章节),否则派生类也可以作为基类被其他的类继承。例如:

```
class GrandSon : Son
{
…
}
```

在前面描述的脊椎动物的例子中可以像下面这样声明脊椎动物类,其下有鱼类、鸟类以及哺乳动物类。

```
class Vertebrata
{
    public void Breathe()
    {
        …
    }
    public void HaveVertebrate()
    {
        …
    }
}
```

然后定义每一种不同种类的脊椎动物的类,需要加一些方法体现它们的个性。

```
class Fish : Vertebrata
{
    …
    public void Swim()
    {
        …
    }
}
class Bird : Vertebrata
{
    …
    public void Fly()
    {
        …
    }
}
class Mammal : Vertebrata
{
    …
    public void SuckleYoung()
    {
        …
    }
}
```

根据图 8-1 可知哺乳动物仍然有很多分支，所以可以将哺乳动物当成一个基类。

```
class Tiger : Mammal
{
    …
    public void Strenth()
    {
        …
    }
}
class Human : Mammal
{
    …
    public void Thinking()
    {
        …
    }
}
```

System.Object 类是所有类的根，所有类都隐式地派生自 System.Object 类，所以 C# 编译器会将 Vertebrata 类重写为继承自 Object 类。换而言之，用户定义的所有类都会自动继承 Object 类的所有特性。在这些特性中包括一些方法，例如 ToString 等方法。

8.2.2 调用基类构造器

根据上面的内容可以知道，在派生类中除了继承而来的方法，基类的所有字段也自动包含在派生类中。既然派生类中有了基类的字段，由前面学到的知识我们知道，如果类中有字段声明，那么在类中的构造器就应该初始化这些类的字段。

同样需要注意的是，在一个类中不论是否显式地声明过构造器，它都至少包含一个构造器。所以在编写派生类的构造器的时候要特别注意基类字段的初始化问题，而这个问题一般在基类的构造器中都已经得到了很好的解决。

作为一个良好的编程习惯，派生类的构造器在执行初始化时最好顺便调用一下它的基类的构造器，我们用 base 这个关键字来实现功能。下面是一个简单的例子：

```
class Father
{
    string name;
    public Father()
    {
        name = "F";
    }
}
class Son : Father
{
    public Son() : base()
```

```
        {
            …
        }
        …
}
```

在上面的例子中,Son 类的构造器显式地调用了 Father 类的构造器。假如在派生类中没有对基类构造器的显式调用,编译器会自动插入对基类的默认构造器的一个默认调用,然后才执行写在派生类构造器中的代码。就像上面的例子,如果将派生类写成这样:

```
class Son : Father
{
    public Son()
    {
        …
    }
    …
}
```

编译器会将其改写成下面的形式:

```
class Son : Father
{
    public Son() : base()
    {
        …
    }
    …
}
```

如果派生类中默认调用和基类中的构造器参数列表有不一样的地方,在编译时会发生错误,所以最好显式地调用基类构造器。

8.2.3 类的赋值

根据在第 6 章学习的知识可以知道类之间是可以相互赋值的,那么基类和派生类之间是否可以相互赋值,在本节将讨论这个问题。

在 C# 以及大部分面向对象的编程语言中,用户完全可以将一种类型的对象赋给继承层次结构中较高位置的一个类的变量,以下语句是合法的:

```
Human H = new Human();
Mammal M = H;
```

上面的例子看似难以理解,但仔细分析发现其实这种机制和现实的逻辑是一致的。人类不仅属于人类还是哺乳动物的一员,所以一个哺乳动物的对象当然可以赋值为一个人类的对象。按照这个逻辑,是不是哺乳动物的对象可以赋值给人类呢?答案是否定的,人类必然是哺乳动物,但哺乳动物不一定是人类,所以反方向的转换是不允许的。换而言之,一个 Mammal 的对象不能赋给一个 Human 对象。

```
Mammal M = new Mammal();
Human H = M;
```

上面这种赋值是不合法的,所以用户在类之间赋值的时候要注意这种限制。

8.3 继承的深入剖析

在上面两节中我们了解了继承的概念和继承的基本使用,本节将在深入探讨继承的同时初步接触到面向对象编程的另一个重要概念——多态。

8.3.1 声明 virtual 方法

有时候我们希望隐藏方法在一个基类中的实现,以 System. Object 中的 ToString 方法为例。ToString 用于将对象转化为一个字符串的形式。由于这个方法非常有用,所以开发者将它设计成 System. Object 中的一个成员,从而为每个类都提供一个可用的 ToString 方法。但是,由 System. Object 实现的那个版本的 ToString 并不能准确地表达所有类所需的功能,它唯一能做的只是将一个对象转化成包含其类型名称的一个字符串。这显然对很多类来说是没什么用处的。那么为什么开发者将这种方法放到 System. Object 的类中呢?

实际上根本不需要调用由 System. Object 定义的 ToString 方法,它只是一个"占位符",正确的做法应该是在自己定义的每一个派生类中提供自己的 ToString 方法。

故意设计成需要被重写的方法称为 virtual 方法,重写方法用于提供同一个方法的不同实现。这些方法是相互关联的,因为它们的目的是完成同一类任务,只不过不同的类会根据它们对象的实际情况以不同的方式完成。这其实就是多态思想的一种体现。

为了将一个方法标记为 virtual 方法,需要用到 virtual 关键字。下面是一个例子:

```
namespace System
{
    class Object
    {
    Public virtual string ToString()
        {
        ...
        }
    }
}
```

8.3.2 重写方法

virtual 关键字用于在基类中修饰方法。virtual 的使用有下面两种情况。

情况 1:在基类中定义了 virtual 方法,但在派生类中没有重写该虚方法,那么在对派生类实例的调用中该虚方法使用的是基类定义的方法。

情况 2:在基类中定义了 virtual 方法,然后在派生类中使用 override 重写该方法,那么在对派生类实例的调用中该虚方法使用的是派生重写的方法。

如果要在派生类中声明 virtual 方法的另一种实现,需要用到 override 关键字,下面是一个例子：

```
class Father
{
    string name;
    public Father()
    {
    name = "F";
    }
    public virtual string display()
    {
    }
}
class Son : Father
{
    public Son() : base()
    {
    …
}
public override string display()
{
…
}
    …
}
```

在派生类中，一个新的方法实现可以调用方法在基类中的原始实现，和调用基类构造器相同需要用 base 关键字来实现，例如：

```
public override string display()
{
    base.display();
    …
}
```

下面通过一个实例来加深我们对 virtual 和 override 两部分内容的理解。首先看一段代码，并写出应该输出的结果。

```
namespace ConsoleAppsTest
{
    class Program
    {
        static void Main(string[] args)
        {
            D d = new D();
            A a = d;
            B b = d;
            C c = d;
            a.F();
            b.F();
            c.F();
```

```
            d.F();
            a.F1();
            a.F2();
            c.F1();
            c.F2();
            Console.ReadKey();
        }
    }

    public class A
    {
        public virtual void F()
        {
            Console.WriteLine("A.F");
        }
        public void F1()
        {
            Console.WriteLine("A.F1");
        }
        public virtual void F2()
        {
            Console.WriteLine("A.F2");
        }
    }
    public class B : A
    {
        public override void F()
        {
            Console.WriteLine("B.F");
        }
    }
    public class C : B
    {
        new public virtual void F()
        {
            Console.WriteLine("C.F");
        }
        new public void F1()
        {
            Console.WriteLine("C.F1");
        }
    }
    public class D : C
    {
        public override void F()
        {
            Console.WriteLine("D.F");
        }
    }
}
```

就类 A 来说,其他类同:

A 是 a 的声明类,D 是实例类,在调用实例 a 的方法时首先在声明类 A 中找此方法,如果有此方法并且是非虚方法就直接执行该方法;如果有此方法并且是虚方法就在 A 的子类中找,如果在子类 B 中找到该方法的重写就执行 B 中的重写方法;如果没有找到 B 中对该方法的重写就执行 A 类的虚方法。注意,“A a =new A();”调用 a 的方法时都执行 A 类自己的方法。如果有子类 new 一个方法,表示覆盖了基类的该方法,调用时执行自己的 new 方法;如果子类中没有该方法,调用基类的方法时执行基类的方法。其运行结果如图 8-2 所示。

图 8-2　运行结果

小　　结

在本章中着重介绍了面向对象编程中的一个重要概念——继承,详细介绍了继承的概念、基本使用以及一些相对高级的用法,另外还对面向对象编程中的另一个极为重要的概念——多态有了初步的了解,我们将在下一章详细介绍这一概念。

习　　题

习题 8-1　简单介绍一下在 C#语言中为什么要提供继承这种特性。

习题 8-2　写出下面代码的输出:

```
using System;
namespace InheritanceApplication
{
    class Shape
    {
        public void setWidth(int w)
        {
            width = w;
        }
        public void setHeight(int h)
        {
            height = h;
        }
        protected int width;
        protected int height;
```

```
    }

    class Rectangle: Shape
    {
        public int getArea()
        {
            return (width * height);
        }
    }

    class RectangleTester
    {
        static void Main(string[] args)
        {
            Rectangle Rect = new Rectangle();

            Rect.setWidth(5);
            Rect.setHeight(7);


            Console.WriteLine("总面积: {0}", Rect.getArea());
            Console.ReadKey();
        }
    }
}
```

第9章　面向对象编程：多态

9.1　什么是多态

多态(polymorphism)是指接口的多种实现方式。其字面意思是多种状态,其实指的是对于多个对象的同一操作可以有不同的执行方式,得到不同的执行结果。例如用 employee 类描述学校内的雇员,这只是一个笼统的抽象。实际上,学校内的员工可以有很多种,由此可以继续细分为行政工作人员 staff 和学术教师 faculty,他们有相似点,例如个人信息、绩效评估等,都可以继承自 employee 类。但对于某一种操作可能因人而异。例如对于计算工资这一操作,行政人员和学术教师可能有不同的计算方法。对于 staff 类的对象,执行计算工资操作的计算方法可能与 faculty 类对象执行这一操作不同。多态实现了不同对象执行同一个计算工资操作,能够根据对象的类型进行个性化的执行,得到不同的结果。这样说起来比较抽象,下面学习多态性在 C# 中的具体表现形式,相信读者会对多态有深刻的了解。

9.2　接口的声明

接口(interface)是多态性的一种具体表现,它描述了可属于任何类或结构体的一组相关功能。类或结构体通过继承接口对接口内定义的功能进行重写,这样实现了不同的类对于同一方法有着不同的操作。各类对于某一功能的个性化执行方式是通过实现接口中定义的某一功能完成的。下面来看接口的具体操作。

声明一个接口需要的关键字是 interface。接口内方法的声明与类、结构体的方法声明类似,但是不允许指定任何访问修饰符,例如 private、protected、public。由于接口内的方法不能实现,因此不能写方法主体,而是要在函数签名后添加分号结尾。示例如下:

```
interface ICalculate
{
    int CalculateWage(int salary);
}
```

该示例声明了一个接口 ICalculate,表示计算。在 Calculate 前加上字母 I 是习惯,在 Microsoft .NET Framework 文档中建议接口名称以大写字母 I 开头,这样看到这个名称就可以知道它是一个接口。在接口内声明了一个方法 CalculateWage,以一个 int 类型的变量为参数,返回 int 类型的数据,表示计算工资。注意,这里虽声明了方法但并未写其方法主体,而是直接以分号收尾。至于这个方法的实现则会在实现这个接口的类中完成,不同的类对于这一方法可能会有不同的实现，这便是多态性的体现。

9.3 接口的实现

9.3.1 类继承接口

从接口的声明中可以发现：接口声明的方法是不能在接口中实现的，而接口的实现需要在继承这个接口的类或结构体中完成。注意，继承接口的类或结构体必须实现接口声明的全部方法。原因很简单，如果有一个方法未实现，那么这个类或结构体也存在着未声明主体的方法，会出现错误。

想象一个学校内的 employee（雇员）层次结构，学校内的工作人员包括 staff（行政工作人员）和 faculty（学术教师）。同为学校内员工，staff 类和 faculty 类自然有很多共同之处，比如相同的个人信息条目、相同的评估方法等。其共同之处应该在 employee 类中实现，staff 类和 faculty 类都继承基类 employee。行政工作人员和学术教师也有不同的地方，例如他们计算薪水的方法不同。对于不同点可以声明一个接口，让 staff 类和 faculty 类都继承这一接口，再个性化地实现接口内的全部方法。

```
interface ICalculate
{
    int CalculateWage(int salary);
}
```

可以在 staff 类中实现该接口：

```
class staff : ICalculate
{
    …
    public int CalculateWage(int salary)
    {
        return 3 * salary;
    }
}
```

之后在 faculty 类中也实现这个接口：

```
class faculty : ICalculate
{
    …
    public int CalculateWage(int salary)
    {
        return (2 * salary + 2000);
    }
}
```

和类的继承一样，在类的声明语句后添加冒号“:”，后面写上要实现的接口名字，这样便继承了这个接口。之后要完善接口内声明的方法，在类中必须把所有的方法实现。对于 staff 和 faculty 而言，其薪水的计算方法可能不同，在方法体内的实现也就不同。

在实现一个接口时需要遵循以下规则：

- 方法名和返回类型要与接口中的方法声明完全匹配。
- 方法的所有参数(包括 ref 和 out 修饰符)也要完全匹配。
- 接口内的所有方法的实现都要是 public 可访问性。

换句话说,接口的定义与实现如果存在差异会产生编译错误。

除此之外,一个类可以在继承一个类的同时实现一个接口。这样继承的方法是在冒号后先写基类名称,用逗号隔开,在逗号后面写实现的接口名称。例如,faculty 类继承 employee 类并实现 ICalculate 接口：

```
class employee
{
    …
}

interface ICalculate
{
    …
}

class faculty: employee, ICalculate
{
    …
}
```

9.3.2 接口引用类

用户可以将一个变量定义为类所实现的接口,之后用这个变量引用对象。例如,可以用一个 ICalculate 类型的变量引用一个 faculty 对象：

```
faculty myFaculty = new faculty{ … };
ICalculate imyFaculty = myFaculty;
```

这样做是合法的,因为所有的学术教师都是职员,而职员不都是学术教师。若要将一个 ICalculate 对象赋值给 faculty 变量,则必须进行强制的类型转换。

通过接口引用一个对象的作用是方便定义一个可以获取不同类型参数的方法：

```
int FindWage(ICalculate employee)
{
    …
}
```

只要这一类型实现了接口 ICalculate,那么它的对象就可以作为这个方法的参数。但接口引用对象时只有接口可见的方法能够被调用,即只有接口内定义的方法能够被调用。

通过对接口的学习我们体会到,接口中声明的方法实际上是一种占位符,即先在接口中将这个名字声明,在后续的真正实现中再使用之前在接口中声明的方法名称。就像是申请商标名称一样,想好了一个好听的名字,先把这个商标申请好,哪怕还没有生产商品,先拿下这个名称,之后生产出产品就可以直接用这个商标了。

9.4 虚函数与重写

9.4.1 相关声明

接口中的方法是占位符，除此以外，使用 virtual 关键字声明的虚函数也是一种占位符。和接口不同，用户不必为这些占位符声明一个接口，而是直接在类中声明一个虚函数。后续继承该基类的类可以对这个虚函数进行**重写**(override)，个性化地实现这个虚函数。“因类而异”，这也是多态性的体现。

在类中定义虚函数的方法如下：

```
public virtual void Function()
{
    …
}
```

在函数的返回类型前添加 virtual 关键字即可。这样的函数叫作虚函数，它可以被子类重写。重写的方法如下：

```
//例程 9-1
class A
{
    public void F() { … }                       //不能被重写
    public virtualvoid Function() { … }         //可被子类重写
}

class B : A
{
    public void G() { … }                       //子类中定义的新方法
    public override void Function ()            //重写 Function,有自己的实现方式
    {
        …
        base. Function ();                      //可以调用父类的 Function
    }
}
```

在子类中要重写的方法的返回类型前加上关键字 override 即可。在方法体内写入针对这个类型的实现方式。若想使用父类的虚函数，可以通过 base. 虚函数名称调用。

虚函数的用处其实也非常多。System. object 中的 ToString 方法就是一个例子，如图 9-1 和图 9-2 所示。

所有类都应该提供一个方法将对象转换成字符串。如果都要由 System. object 中的 ToString 方法来实现未免有些不切实际，因为程序员可能会定义一些新的类型。System. object 中的 ToString 方法怎么能知道如何输出一个新类型的字符串呢？需要使用多态的思想，让每个类提供自己的 ToString 方法，重写 System. object 中的 ToString 方法。

在使用虚方法并重写实现多态时需要遵守以下规则：

• 不能使用 virtual 和 override 关键字声明 private 方法，因为 private 表示私有，对于

```
public class Object
{
    public Object();

    public virtual bool Equals(object obj);
    public static bool Equals(object objA, object objB);
    public virtual int GetHashCode();
    public Type GetType();
    protected object MemberwiseClone();
    public static bool ReferenceEquals(object objA, object objB);
    public virtual string ToString();
}
```

图 9-1 object 中的 ToString 定义

```
public struct Int32 : IComparable, IFormattable, IConvertible, IComparable<int>, IEquatable<int>
{
    public const int MaxValue = 2147483647;
    public const int MinValue = -2147483648;

    public int CompareTo(int value);
    public int CompareTo(object value);
    public bool Equals(int obj);
    public override bool Equals(object obj);
    public override int GetHashCode();
    public TypeCode GetTypeCode();
    public static int Parse(string s);
    public static int Parse(string s, IFormatProvider provider);
    public static int Parse(string s, NumberStyles style);
    public static int Parse(string s, NumberStyles style, IFormatProvider provider);
    public override string ToString();
    public string ToString(IFormatProvider provider);
    public string ToString(string format);
    public string ToString(string format, IFormatProvider provider);
    public static bool TryParse(string s, out int result);
    public static bool TryParse(string s, NumberStyles style, IFormatProvider provider, out int result);
}
```

图 9-2 Int32 中的 ToString 定义

子类而言应该是透明的。

- 重写的方法应该与虚方法的签名保持一致,包括参数的类型、数目、顺序和返回类型以及名称。
- 若基类的方法不是虚方法,则不能在子类中用 override 重写。
- 一个方法若被声明为 override,则它默认被声明为 virtual,即重写的方法可以在其子类中再次被重写。
- 基类的虚方法与子类的重写方法应该有相同的可访问性,即它们必须都是 public 或 protected 的可访问性。

9.4.2 动态绑定

在运行时会根据对象的引用动态地执行相关函数,这就是动态绑定。请看例程 9-2。

```
//例程 9-2
class A
{
    public virtual void WhoAreYou()
    {
        Console.WriteLine("I am an A");
```

```
        }
    }
    class B : A
    {
        public override void WhoAreYou()
        {
            Console.WriteLine("I am a B");
        }
    }
    class C: A
    {
        …
    }
```

WhoAreYou 方法在 A 类和 B 类中有不同的输出。若在 Main 函数中如此执行：

```
A a = new B();
a.WhoAreYou();
```

a 看似是 A 类型的变量，实际上是一个 B 的引用，即栈中的 a 所指向的堆空间实际是 B 类型的。运行时判断出应该调用 B.WhoAreYou()方法，因此打印出的信息应该是“I am a B”。若在 Main 函数中如此执行：

```
A c = new C ();
c.WhoAreYou();
```

a 看似是 A 类型的变量，实际上是一个 C 的引用。运行时判断出应该调用 C.WhoAreYou()方法，但 C 类没有重写 WhoAreYou()方法，因此会调用 A 类的 WhoAreYou 方法，输出的信息是“I am an A”。

了解了虚方法的多态体现，它与接口的区别如下：

- 虚方法是在类中声明，而接口内的方法需要统一声明接口。
- 虚方法可以实现，而接口内的方法不能写方法体，只能由继承该接口的子类实现。
- 子类一旦继承接口就必须实现接口内的所有方法，而子类不一定要重写父类的虚方法。

9.5 抽　象　类

9.5.1 抽象类的声明

除了虚方法以外，用户还可以使用抽象类实现多态。类用来表示现实中的具体实体，如果一个类不与现实中的具体事物联系，只是表达一种抽象的概念，这样的类应该声明为**抽象类**(abstract class)。抽象类只是作为一种派生类的基类存在。例如在 9.3 节介绍的职员-学术教师-行政工作人员的例子，现实中学校的职员不是学术教师就是行政工作人员，而职员本身是一种抽象的概念，它不是具体职业，也表现不了工作职责。employee 类创建的实体便没有现实意义，而 staff 类和 faculty 类的实体才能真正地表达学校中一位职员的相关信息与操作。因此，employee 类应该被声明为抽象类。

抽象类表现的是抽象意义，是不允许创建实例的，它只是用来被派生类继承从而实现多态。它与接口类似，内部声明的方法需要由子类进行个性化的实现，但也和接口有不同之处，那就是抽象类可以声明字段，接口则是不允许的。

将一个类显式地声明为抽象类需要使用 abstract 关键字，示例如下：

```
abstract class employee
{
    …
}
```

抽象类可以继承一个其他类，也可以同时继承接口。方法与之前介绍的内容一样，在类名后添加冒号，按照父类名-逗号-接口名的顺序编写。

试图实例化一个抽象类的对象是无法通过编译的：

```
employee myEmployee = new employee {…};  //非法
```

无法创建对象，抽象类的作用就是作为父类，将子类相同的方法与字段编写完成，减少代码的重复，并提供未来需要多态的方法的声明，供子类去进行个性化的实现。

9.5.2 抽象方法

在抽象类中可以包含**抽象方法**(abstract method)，抽象方法其实与虚方法类似，派生类必须要 override(重写)这个方法，因此一个抽象方法默认也是 virtual 的。与虚方法不同的是，虚方法可以包含主体，而抽象方法不可以包含主体，这一点和接口中的方法一样。

抽象方法的声明见下面的示例：

```
abstract class employee
{
    abstract int CalculateWage(int salary);
    …
}
```

抽象方法的存在是多态的体现，当继承类对同一方法的实现不同时可以在抽象类中添加一个抽象方法。

由于抽象方法不包括实现部分，其所在类自然是不能创建实例的。如果一个类包括抽象方法，那么这个类也必须是抽象类。如果在一个非抽象类中声明了抽象方法则会出现错误。

继承了抽象类的子类必须对抽象方法进行重写，重写的方式其实与重写虚方法一样：

```
abstract class employee
{
    abstract int CalculateWage(int salary);
    …
}

class staff : employee
{
    …
```

```
    public override int CalculateWage(int salary)
    {
        return 3 * salary;
    }
}
```

如果子类并未重写抽象方法,是报错还是默认子类也是抽象类?

9.6 密 封 类

通过对接口、虚方法、抽象类的学习可以发现:为了实现多态,往往都是对基类做些手脚,派生类继承基类重写方法,实现个性化的实现。也就是说,在写基类时就应该做好缜密的规划,知道哪些方法可能重写并添加相应关键字,但在最开始就预测出未来要使用哪些类实现怎样的多态是很难的。这需要对问题有全面、深入的认识,这样才能建造一个易于实现多态的类层次结构。编程者需要在最开始就确定哪个类是基类,并添加相应关键字以实现多态。如果不需要将这个类作为基类,也就是说这个类不可被继承,就可以使用关键字 sealed 防止一个类作为基类。声明的方法如下:

```
sealed class staff : employee
{
    …
    public override int CalculateWage(int salary)
    {
        return 3 * salary;
    }
}
```

这样做其他类就不可以继承 staff 类了。之所以把一个类封闭,是因为它的所有方法都已经实现了,可以创建实体了。那么就不可以对含有 virtual 方法的类和抽象类进行密封,因为这样类仍然"保有悬念",仍然存在着需要被子类重写的方法。如果密封,就失去了被继承的机会,virtual 方法和抽象方法的存在也就没有意义了。

注意:*结构体默认是密封的,它不可以被继承。*

除了密封类以外,用户还可以对未密封类中的方法进行密封,即密封单个方法。这个类仍然可以被继承,但其子类不能重写密封方法。并非所有的方法都可以密封,只能密封重写方法,这意味着这个方法是最后一个实现,其子类也需要遵守该实现,不能再重写了。例如:

```
class staff : employee
{
    …
    public sealed override int CalculateWage(int salary)
    {
        return 3 * salary;
    }
}
```

9.7 再谈多态

至此学习了多态的3种具体表现形式——接口、虚方法、抽象类，本节对这3种方法做一个总结。

多态的实现少不了两个关键词——继承和重写。父类或接口留下悬念(虚方法、抽象类、抽象方法)，派生类继承这个类或接口，并对未实现的方法或虚方法进行重写。多个派生类继承了同一个类或接口，对同一个方法做了不同方式的重写，这便是一个操作的多种形态。在执行时需要进行动态绑定，不能只看这个实例的类型，而是要看它的引用类型，选择这个类的方法执行。同一个方法有多种实现方式，并在执行时动态地选择用哪一种方式，这就是多态。

小结

本章介绍了多态的概念以及实现方法，其实现方法多样，具体的声明已在下文列出。

接口的声明：

```
interfaceI 接口名称
{
    返回类型  函数名称(参数);
}
```

实现接口：

```
class 类名:父类名,接口名
{
    public 返回类型  函数名称(参数);
    {
        实现
    }
}
```

虚函数：

```
public virtual 返回类型  函数名称(参数)
{
    默认实现
}
```

重写虚函数：

```
public override 返回类型  函数名称(参数)
{
    新的实现
}
```

抽象类与抽象方法：

```
abstractclass 类名
{
    abstract 返回类型  函数名称(参数);
}
```

密封类的声明：

```
sealed class 类名 : 父类名,接口名
{
    …
}
```

密封方法：

```
public override 返回类型  函数名称(参数)
{
    …
}
```

习　　题

习题 9-1　比较虚方法与抽象方法的异同。

习题 9-2　比较抽象类与接口的异同。

习题 9-3　根据程序写输出：

```
class Animal {
    public virtual void WhoAreYou() { Console.WriteLine("I am an animal"); }
}
class Dog: Animal {
    public override void WhoAreYou() { Console.WriteLine("I am a dog"); }
}
class Beagle: Dog {
    public new virtual void WhoAreYou() { Console.WriteLine("I am a beagle"); }
}
class AmericanBeagle: Beagle {
    public override void WhoAreYou() { Console.WriteLine("I am an american beagle"); }
}
Beagle beagle = new AmericanBeagle();
beagle.WhoAreYou();
Animal animal = new AmericanBeagle();
animal.WhoAreYou();
```

习题 9-4　编写 Course 类及其子类 ObligatoryCourse 和 ElectiveCourse，根据以下描述设计实现多态。

(1) 添加虚方法 getScore，与两个派生类的 getScore 相同，用于支持多态。

(2) 对两个派生类的 getScore 方法进行重写，使其能够支持多态。

第10章 异 常 处 理

到目前为止，在前面章节学习的内容足够让读者学会大部分C#核心语句，了解了如何编写方法编写类、如何声明变量以及如何使用三大语句。在日常编程中我们面临最多的挑战其实是程序的错误处理，而在前面的章节一直没有提到程序可能出错的问题。事实上，在很多情况下代码并不能按照我们想象的轨迹执行，会因为各种各样的原因陷入一些未知的错误。其中有很多原因是很难找到源头的，或者说时间和成本不允许找到源头并进行解决。

因此，在应用程序内部必须有一套错误处理机制，使其能够自主地检测错误并采用相对得体的方式处理它们，作为C#核心语句的最后一章，我们在本章将会学习如何使用try、catch等语句来捕捉和处理这些异常所代表的错误。通过本章的学习，读者将进一步深化对C#运行机制的理解。

10.1 什么是异常处理

C#中的异常用于处理系统级和应用程序级的错误状态，它是一种结构化、统一的类型安全的处理机制。鉴于很多读者具有C++编程基础，我们有必要介绍一下C#和C++异常机制的异同。C#的异常机制非常类似于C++的异常处理机制，但还是有一些重要的区别：

(1) 在C#中所有的异常必须由从System.Exception派生类的类型的实例来表示，在C++中可以使用任何类型的任何值表示异常。

(2) 在C#中利用finally块可以编写在正常执行和异常情况下都将执行的终止代码，在C++中很难在不重复代码的情况下编写这样的代码。

(3) 在C#中系统级的异常(如溢出、被零除和null等)都对应地定义了与其匹配的异常类，并且与应用程序级的错误状态处于同等地位。

异常就是程序中的运行时错误，当出现异常时系统会捕获这个错误并抛出一个异常。若程序没有提供处理该异常的代码，系统会挂起这个程序。

正如许多面向对象编程语言一样，C#也能处理可预见的反常条件(丢失网络连接、文件丢失)下的异常。当应用程序遇到异常情况时它将“抛”出一个异常，并终止当前方法，直到发现一个异常处理那个堆栈才会清空。

这意味着如果当前运行方法没有处理异常，那么将终止当前方法并调用方法，这样会得到一个处理异常的机会。如果没有调用方法处理它，那么该异常最终会被C#的运行处理，它将终止程序。

如图10-1所示，可以使用try/catch块来检测具有潜在危险的代码，并使用操作系统或者其他代码捕捉任何异常目标。catch块用来实现异常处理，它包含一个执行异常事件的代码块，在理想情况下，如果捕捉并处理了异常，那么应用程序可以修复这个问题并继续运行下去。即使应用程序不能继续运行，也可以捕捉这些异常，并显示有意义的错误信息，使应用程序安全终止。同时，用户也有机会将这些错误写入日志中。

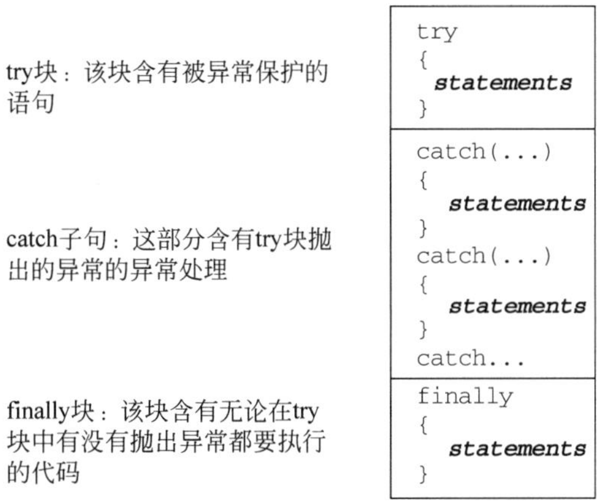

try块：该块含有被异常保护的语句	try
	{
	  statements
	}

catch子句：这部分含有try块抛出的异常的异常处理	catch(...)
	{
	  statements
	}
	catch(...)
	{
	  statements
	}
	catch...

finally块：该块含有无论在try块中有没有抛出异常都要执行的代码	finally
	{
	  statements
	}

图 10-1　异常处理概况

如果在方法中有一段代码无论是否碰到异常都必须运行(例如释放已经分配的资源、关闭一个打开的文件)，那么可以把代码放到 finally 块中，这样甚至在存在异常的代码中也能保证其运行。

10.2　异常处理机制

10.2.1　try 和 catch 语句

try 语句的作用是指明可能发生异常的代码块，并提供代码处理异常。它的组成包括下面两个部分。

(1) try 块：将可能引发异常的代码用 try 块包围起来。try 关键字告诉编译器开发者认为块中的代码有可能引发一个异常；如果真的引发了异常，那么某个 catch 块就要尝试处理这个异常。

(2) catch 子句：包含处理异常的代码，有以下 3 种形式的代码。

```
@1: catch (ExceptionType e){}          //带对象的特定 catch 子句
@2: catch (ExceptionType){}            //特殊 catch 子句,匹配任何该类型名称的异常
@3: catch {}                           //一般 catch 子句或泛化 catch 块、常规 catch 块
```

(3) finally 块：在所有情况下都要执行，无论有无异常发生，即使 try 块中有 return 语句，finally 块也总会在返回到调用代码之前执行。

注意：try 语句中的 try 块是必需的，catch 块和 finally 块必须有一个或两个都有。若两个都有，那么 finally 块必须放在最后。

以下代码是一个例子：

```
try
{
```

```
    //引起异常的语句
}
catch (ExceptionName e1)
{
    //错误处理代码
}
catch (ExceptionName e2)
{
    //错误处理代码
}
catch (ExceptionName eN)
{
    //错误处理代码
}
finally
{
    //要执行的语句
}
```

C#提供了很多种异常，读者在这里只要掌握最基本的异常——Exception就可以了。在catch语句中我们只处理Exception这个最基本的异常。

下面是一个应用实例：

```
try
{
    int I = 1;
    int y = 0;
    int result = I/y;
}
catch(Exception ex)
{
    //…
}
```

最后我们还应该想到一个问题：如果一个异常与try块的末尾的多个catch模块程序相匹配，会发生什么情况？最终会运行哪一个？

在一个异常发生之后，将运行由“运行时”发现的第一个匹配的异常处理程序，其他异常处理程序都会被忽略。因此在一个try块后面应该将较为具体的catch处理程序放在较为常规的catch处理程序之前。如果具体的处理程序没有匹配成功，则执行最为常规的catch程序。

10.2.2 throw语句

C#语句可以用两种不同的方式引发异常。

(1) throw语句用于立即无条件地引发异常，控制永远不会到达紧跟在throw后面的语句。

(2) 在执行C#语句和表达式的过程中有时会出现一些例外情况，使某些操作无法正常完成，此时就会引发一个异常。例如，在整数除法运算中如果分母为零，则会引发

System.DivideByZeroException。

本节学习由 throw 显式地引发的异常。throw 的用法又分为下面两种形式。

(1) throw ExceptionObject：在 try 块中使用，执行 throw 语句后 try 块中在 throw 语句之后的语句跳过不执行。

(2) throw：仅在 catch 语句中使用，重新抛出当前异常，系统继续它的搜索，寻找另外的 catch 块。

一般使用第一种形式，下面是一个实例：

```
try
{
    Console.WriteLine("begin executing");
    Console.WriteLine("throw exception");
    throw new Exception ("Arbitrary exception");
    Console.WriteLine("end executing ");
}
catch(Exception exception)
{
    Console.WriteLine("a Exception was thrown");
}
```

在上面的代码中，try 块中的 throw 语句抛出了一个 Exception 类型的异常，在下面的 catch 语句得以成功执行，并且 try 块中的剩余语句不再继续执行，得到的运行结果如下：

```
begin executing
throw exception
a Exception was thrown
```

需要特别注意避免使用异常处理来处理预料之中的情况，开发者应尽量避免为预料之中的情况或正常的控制流引发异常。例如，开发者事先就应该预料到用户可能在输入年龄的时候输入无效的文本，所以不要用异常来验证用户输入的数据。

相反，开发者应该在尝试转换数据类型之前就对数据进行检查(甚至可以考虑从一开始就防止用户输入无效的数据)。异常是专门为跟踪例外的、事先没有预料的，而且可能造成严重后果的情况设计的。未预料之中的情况使用异常会造成代码难以阅读、理解和维护。除此之外，C# 在抛出异常时会产生一些性能损失。

10.3　C# 异常种类总结

在本节将对 C# 中的异常类型进行简要的总结，从而给读者的使用提供一些方便。

1. C# 异常类一：基类 Exception

System.Exception 类是所有异常的基类，此类具有所有异常共享的值得注意的一些属性：

(1) Message 是 string 类型的一个只读属性，它包含关于所发生异常的原因的描述(易于人工阅读)。

(2) InnerException 是 Exception 类型的一个只读属性。如果它的值不是 null，则它所引用的是导致了当前异常的那个异常，即表示当前异常是在处理那个 InnerException 的 catch 块中被引发的；否则它的值为 null，表示该异常不是由另一个异常引发的。以这种方式连接在一起的异常对象的数目可以是任意的。

这些属性的值可以在调用 System. Exception 的实例构造函数时指定。

2. C#异常类二：常见的异常类

(1) SystemException 类：该类是 System 命名空间中所有其他异常类的基类(建议：公共语言运行时引发的异常通常用此类)。

(2) ApplicationException 类：该类表示应用程序发生非致命错误时所引发的异常(建议：应用程序自身引发的异常通常用此类)。

3. C#异常类三：与参数有关的异常类

此异常类均派生于 SystemException，用于处理给方法成员传递参数时发生的异常。

(1) ArgumentException 类：该类用于处理参数无效的异常，除了继承来的属性名以外，此类还提供了 string 类型的属性 ParamName 表示引发异常的参数名称。

(2) FormatException 类：该类用于处理参数格式错误的异常。

4. C#异常类四：与成员访问有关的异常

(1) MemberAccessException 类：该类用于处理访问类的成员失败时所引发的异常。失败的原因可能是没有足够的访问权限，也可能是要访问的成员根本不存在(类与类之间调用时常用)。

(2) MemberAccessException 类的直接派生类。

- FileAccessException 类：该类用于处理访问字段成员失败所引发的异常。
- MethodAccessException 类：该类用于处理访问方法成员失败所引发的异常。
- MissingMemberException 类：该类用于处理成员不存在时所引发的异常。

5. C#异常类五：与数组有关的异常

以下 3 个类均继承于 SystemException 类。

(1) IndexOutOfException 类：该类用于处理下标超出了数组长度所引发的异常。

(2) ArrayTypeMismatchException 类：该类用于处理在数组中存储数据类型不正确的元素所引发的异常。

(3) RankException 类：该类用于处理维数错误所引发的异常。

6. C#异常类六：与 IO 有关的异常

(1) IOException 类：该类用于处理进行文件输入/输出操作时所引发的异常。

(2) IOException 类的 5 个直接派生类。

- DirectionNotFoundException 类：该类用于处理没有找到指定的目录而引发的异常。
- FileNotFoundException 类：该类用于处理没有找到文件而引发的异常。
- EndOfStreamException 类：该类用于处理已经到达流的末尾但还要继续读数据所引发的异常。
- FileLoadException 类：该类用于处理无法加载文件而引发的异常。
- PathTooLongException 类：该类用于处理由于文件名太长而引发的异常。

7. C#异常类七：与算术有关的异常

(1) ArithmeticException类：该类用于处理与算术有关的异常。

(2) ArithmeticException类的派生类。

- DivideByZeroException类：表示整数或十进制运算中试图除以零而引发的异常。
- NotFiniteNumberException类：表示浮点数运算中出现无穷大或者非负值时所引发的异常。

小　　结

在本章学习了C#中异常处理的基本机制，从而让读者对如何在日常程序中处理程序错误有了一个基本的了解。到本章为止对C#的核心语句已经全部讲解完毕，在接下来的章节中将对C#的一些进阶属性进行介绍。

习　　题

习题10-1　请说出编程语言中异常处理机制存在的必要性。

习题10-2　请编写这样一个异常处理模块，这个模块能对不能被零整除做出反应，每当有不能被零整除的错误发生时打印“0 can not be devided”。

习题10-3　写出下面代码的输出：

```
static double SafeDivision(double x, double y)
    {
        if (y == 0)
            throw new System.DivideByZeroException();
        return x / y;
    }
    static void Main()
    {
        //输入用于测试目的
        //改变值看到异常处理行为
        double a = 98, b = 0;
        double result = 0;

        try
        {
            result = SafeDivision(a, b);
            Console.WriteLine("{0} divided by {1} = {2}", a, b, result);
        }
        catch (DivideByZeroException e)
        {
            Console.WriteLine("Attempted divide by zero.");
        }
    }
```

第11章 封装与属性

首先回顾一下字段的声明与修改、获取。在学习类与结构体的时候提到，类或结构体的字段如果声明为 public 访问权限是不安全的，因为使用这个类或结构体的人可以任意地修改字段值，如果字段值不在合理范围内就会产生错误，这违反了面向对象的封装性。应当将字段声明为 private 的访问权限，并提供相应的 get 与 set 方法进行字段值的获取与修改。有些字段是只读的，那么就不能提供 set 方法修改这个字段了；有些字段是只写的，就不能提供 get 方法读取字段了。如果要修改字段，需要调用 set 方法，set 方法会对用户提供的值进行合法性检查，只有数据合法才赋值给字段，否则会另做处理。

例如一个时间类声明了以下 3 个字段：

```
class Time
{
    private int hour, minute, second;
    …
}
```

hour 字段的 get 与 set 方法如下：

```
public void setHour( int h)
{
    hour = h % 24;
}
public int getHour()
{
    return hour;
}
```

在使用 Time 类时首先创建一个实例：

```
static void Main(string[] args)
{
    Time t = new Time(19, 12, 59);
}
```

如果要获得 hour 字段值就比较麻烦了：

```
int h = t.getHour();
```

给 hour 字段赋值与普通变量的赋值不同：

```
t. getHour(11);
```

这样的 set 与 get 函数的调用和普通的赋值语句相比麻烦了不少，不是一种自然的语法形式。自然的语法形式可以写成“int h＝t. hour； t. hour＝11；”，但这样做需要将字段的可访问性声明为 public，这又破坏了封装性。但是，如果使用属性可以兼顾这两点，既能维护封装性，又能使用自然风格的语法。

11.1 权限管理

在学习属性之前读者应该了解，无论是字段还是属性都应该遵守面向对象的封装性。在此先复习一下权限管理，也就是类的字段或属性、方法的可访问性，以便于后续的理解。

我们之前学习的类的字段与方法，其可访问性为 public 或 private，这两个关键字代表了两个极端。一个方法或字段声明为 public，就代表着它可以被任何人访问，包括这个类之外的部分。一般来说将部分需要由用户使用的方法声明为 public，这样在类外也可以调用。有些方法是只供类内部调用的，不能暴露给外部，可以声明为 private。我们的构造器以及相关字段的 set 与 get 方法需要声明为 public，因为这些方法是需要提供给用户的。一般不把字段声明为 public，原因已经提过数次，即破坏封装性，字段可能被非法修改。

一个方法或字段声明为 private，就代表着它只可以在类自身中被访问。一般将字段声明为 private，这样在类内部的方法依然可以访问这些字段，但在类外部这些字段就被保护起来，如果用户要访问字段，需要使用这个类提供的相关方法。

但仅使用这两种访问权限是不够的，面向对象的继承与多态的特性告诉我们并非所有的类都是孤立存在的，一个完善的系统经过精密的设计往往有比较多的派生关系。对于一个类的派生类，它应该如何“继承父辈的遗产”呢？如果父类的字段与方法都声明为 public，那么不仅是其子类，其他的所有部分都能够自由地访问这些资源，相当于把资产散尽给所有人，自己的儿子和普通人相比没有得到什么特权，那么继承也变得没有意义。如果类的字段与方法都声明为 private，那么其子类也不能够访问，继承同样没有意义。这时就引出了另一种访问权限——protected，如果一个字段或方法声明为 protected，那么其子类依然能够访问，但子类之外的其他部分不能够访问。对于继承关系，使用 protected 权限是有意义的，它区别了子类和其他部分，让少部分具有特权的类能够访问，而其他部分不能够访问。

如果类 B 继承了类 A，那么类 B 就能访问类 A 的 protected 成员。也就是说，对于类 B 而言，A 的 protected 成员在类 B 看来实际是 public，因为类 B 可以自由访问。

如果类 B 没有继承类 A，那么类 B 就不能访问类 A 的 protected 成员。也就是说，对于类 B 而言，A 的 protected 成员在类 B 看来实际是 private，因为类 B 不能够访问。

注意：对于基类的 protected 成员，不仅能在派生类中访问，也能够在其派生类的派生类中访问。由于 protected 成员在派生类看来仍然是 public 成员，所以封装性也有可能被其派生类破坏。

11.2 什么是属性

11.2.1 属性的声明

属性(property)是字段和方法的一种折中，因为它看上去是一个字段，在操作中又像是一个方法。它具有独特的风格，声明属性的结构如下：

```
访问权限  类型  属性名称
{
    get
    {
        取值代码
    }
    set
    {
        赋值代码
    }
}
```

一个属性包含了 set 和 get 两个代码块，也可以只包含一个。get 块内是在读取属性时需要执行的语句，而 set 块包含了修改属性时的执行语句。当然，获取到的属性值和对属性赋值的变量的类型都与属性类型一致。

我们将 hour 字段的例子改写成属性：

```
class Time
{
    private int hour, minute, second;
    public int HOUR
    {
        get
        {
            return this.hour;
        }
        set
        {
            if(value > 0&&value < 24)
                this.hour = value;
            else
                this.hour = 0;
        }
    }
    …
}
```

hour 是 private 字段，而 HOUR 是 public 属性。value 是隐藏的参数，用于在 set 块中帮助传递要写入的数据。属性 HOUR 通过 private 字段 hour 来实现。

对于结构体，可以使用相同的方法声明属性。

11.2.2 属性的使用

属性的声明可能仍然不能让人满意，看起来就像是把 set 和 get 函数放到了一个程序块中。但它的方便之处正是在于它的使用。我们可以直接对某一实例的 HOUR 属性进行读/写操作：

```
//例程 11-1
```

```
static void Main(string[] args)
{
    Time t = new Time(19, 12, 59);
    t.HOUR = 21;                        //相当于使用 set 方法对 hour 字段赋值
    int h = t.HOUR;                     //相当于使用 get 方法获取 hour 字段的值
    Console.WriteLine(h);               //输出结果为 21
}
```

"int h = t. HOUR;"语句实际会调用 t. HOUR. get，而"t. HOUR=21;"语句实际会调用 t. HOUR. set，其中 value 值为 21。不管其内部的调用，这样的语法非常自然，就像是对一个简单变量进行操作一样。

用户还可以对一个属性同时进行赋值与取值的操作。例如：

```
t.HOUR += 2;
```

这条语句对 t. HOUR. get 和 t. HOUR. set 都有调用。

11.2.3 属性权限的控制

并非所有的属性都要提供 set 和 get 操作。有些属性不允许被修改，只能被读取，是只读属性；而有些属性不允许被读取，但是可以修改，例如密码，是只写属性。用户可以根据属性的需求对其读/写权限进行控制。对于只读属性不再提供 set 方法，对于只写属性不再提供 get 方法。

请看只读属性的例子：

```
class Example
{
    private int x;
    public int X
    {
        get
        {
            return this.x;
        }
    }
    …
}
```

X 属性不提供 set 块，如果试图修改 X 的值就会产生错误：

```
Example e = new Example{ … };
e.X = 20;                               //编译错误
```

对于只写属性只提供 set 块：

```
class Example
{
    private int x;
    public int X
    {
        set
```

```
            {
                this.x = CheckX(value);
            }
        }
        …
}
```

如果试图获取 X 的值也会产生编译错误：

```
Example e = new Example{ … };
Console.WriteLine(e. X) ;                    //编译错误
```

11.2.4 属性的可访问性

属性和字段、方法一样，都需要声明其可访问性。属性的可访问性是在声明属性时确定的。同时，用户也可以对属性的 set 块与 get 块声明指定其可访问性。例如可以将 set 块声明为 private，而 get 块保持不变：

```
class Time
{
    private int hour,minute,second;
    public int HOUR
    {
        get
        {
            return this.hour;
        }
        private set
        {
            if(value > 0&&value < 24)
                this.hour = value;
            else
                this.hour = 0;
        }
    }
    …
}
```

在本例中 get 块的可访问性与属性自身一样，都是 public，而 set 块的可访问性是 private。在指定 set、get 块的可访问性时注意只能改变一个块的可访问性。如果将两个都改为 private，则是没有意义的。另外，set 与 get 块的可访问性在修改时需要小于属性自身的可访问性。如果属性的可访问性是 private，而 set 块的可访问性是 public，也是不正确的。

11.2.5 属性的命名

一般习惯将属性和字段的名称尽量变得相似。但如果太过相似(例如只改变首字母的大小写)，一旦将两个命名混淆可能会产生错误。这里仍以 hour 字段为例：

```
//错误示例
```

```
class Time
{
    private int hour,minute,second;
    public int Hour
    {
        get
        {
            return this. Hour;
        }
        set
        {
            if(value > 0&&value < 24)
                this. Hour = value;
            else
                this. Hour = 0;
        }
    }
    …
}
```

这段程序可以通过编译，但如果访问 Hour 属性就会导致程序崩溃。细心的读者已经发现，这段程序的 set 与 get 块访问的其实是 Hour 属性本身，而不是 hour 字段。这样的调用会导致无穷的递归，直至耗尽内存。这就是一个字母的不同所导致的致命问题。因此，建议属性的命名能够将所有字母大写，例如 HOUR，或做更大的变动。

11.3 属性的局限性

属性的使用看起来是一种简化的字段，但它毕竟不是字段，本质上还是一种方法，在使用时存在着以下限制：

- 类或结构体初始化之后才能够使用属性，而不能在未初始化实例的时候就对属性进行赋值。例如：

```
Time t;
t.HOUR = 19;                         //编译错误
```

应该对 t 进行初始化，在 t 的各字段初始化之后才可以使用属性。

- 属性内部只允许存在一个 set 块和一个 get 块，不能包含其他字段、方法或属性。
- set 块和 get 块除了可以使用隐藏的 value 变量外，不可以使用其他参数。
- 属性不能声明为 const。例如：

```
const int HOUR                       //编译错误
{
    set
    {
        …
    }
    get
```

```
        {
            …
        }
    }
```

11.4 接口中的属性

第9章讲解了接口的相关知识,我们了解到接口可以声明方法但不能声明字段。在接口中可以声明属性,但属性内的set块与get块和方法一样,不能够实现,而是以分号代替大括号。例如:

```
interface ICalculate
{
    int SALARY
    {
        set;
        get;
    }
}
```

实现这个接口的类或结构体也需要实现这个属性,完成内部的set块与get块:

```
class staff : ICalculate
{
    …
    public int SALARY
    {
        set
        {
            …
        }
        get
        {
            …
        }
    }
}
```

在类中实现属性时也可以将属性声明为virtual,表明其派生类可以重写这个属性:

```
public virtual int SALARY
{
    …
}
```

在上一节中提到属性本质上还是一种方法,所以能够在接口中声明,在子类中被重写也是可以理解的。

11.5　自动生成属性代码

属性的 set 块与 get 块的代码往往逻辑简单,如果在这方面花费太多时间是不值得的。为此,编译器能够自动为属性生成代码,替程序员做了一些苦力活。例如:

```
class Time
{
    private int hour, minute, second;

    1 个引用
    public Time(int h, int m, int s)
    {
        hour = h % 24;
        minute = m % 24;
       second = s % 60;
    }

}
```

选中要生成属性的字段 hour,在 Visual Studio 2013 中使用 Ctrl+R 和 Ctrl+E 组合键会出现如图 11-1 所示的界面。

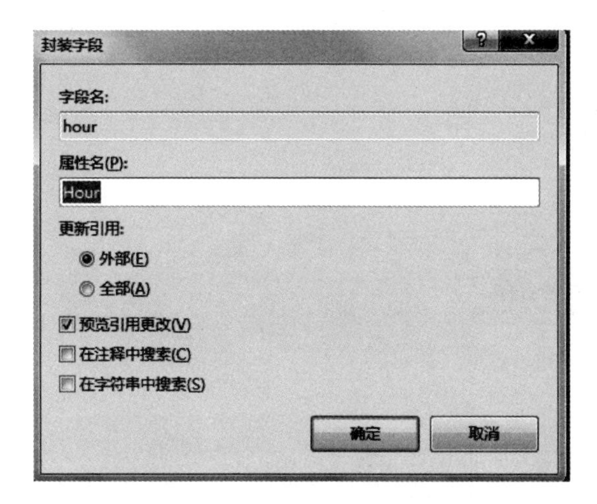

图 11-1　自动生成属性的界面

更改属性名称,然后单击"确定"按钮就生成了属性的默认实现:

```
class Time
{
    private int hour, minute, second;

    0 个引用
    public int Hour
    {
        get { return hour; }
        set { hour = value; }
    }
```

可以看到,少量的代码就可以实现一个简单的属性。如果要对 set 块进行合法性检查,还可以自行修改。但自动生成的属性是不可以只读或只写的,一定是包括 set 块和 get 块的,若要实现只读或只写的属性还需要自己手动编写。

小　　结

本章介绍了属性的声明和使用,包括接口中的属性,同时介绍了可访问性的概念,具体的使用方法如下。

可访问性:

(1) public:所有部分都可以访问。

(2) protected:只有派生类可以访问。

(3) private:只有类内部可以访问。

属性的声明:

```
访问权限　类型　属性名称
{
    get
    {
        取值代码
    }
    set
    {
        赋值代码
    }
}
```

只读属性:

```
访问权限　类型　属性名称
{
    get
    {
    取值代码
    }
}
```

只写属性:

```
访问权限 类型 属性名称
{
    set
    {
        赋值代码
    }
}
```

在接口中声明属性:

```
interface I 接口名
{
类型　属性名
```

```
    {set ; get;}
}
```

创建自动属性：

```
class 类名
{
    public类型  属性名{set ; get;}
}
```

习　题

习题 11-1　试阐述属性与字段的异同。

习题 11-2　写出 public、private、protected 的访问权限，并阐述它们是如何支持面向对象的封装性的。

习题 11-3　回顾习题 7-2 所设计的结构体，为 Date 添加属性，使用户能够方便地访问 year、month、day 的信息。

习题 11-4　根据描述编程实现：

(1) 设计一个接口 IUser，包括 account 和 password 两个属性。

(2) 设计一个普通用户类 Customer，要求实现接口。其中要求 account 至少有 8 位字符，首字符为数字，password 要求只写。

(3) 设计一个管理员类 Admin，要求实现接口。其中要求 account 必须由 6 位数字组成。

第12章 委托与事件

本书中所写的大多数代码都假设语句是顺序执行的，但在计算机系统中有时必须要打断当前执行的流程，转而执行另一个重要的任务。在这个任务完成以后，程序可以从当初暂停的地方恢复执行。一个较为经典的例子就是 WPF 窗体。WPF 窗体显示了很多控件，例如按钮、文本框以及选择框等。有时在按下按钮或者在选择框选择到一个文本以后希望窗体能够立即对我们的动作进行反应。在这个时间应用程序必须暂停它当前正在做的事情，转而处理用户的输入。这种风格的操作不仅适用于图形用户界面，还适用于必须紧急执行一个操作的任何程序。

为了处理这种类型的应用程序，C# 为用户提供了两种机制：一种机制能通知系统发生了紧急事件；另一种能规定在发生指定事件以后应该运行哪一个方法。这两种机制就是事件和委托。

委托和事件在.NET Framework 中的应用非常广泛，然而较好地理解委托和事件对很多接触 C# 时间不长的人来说并不容易。它们就像是一道槛儿，过了这个槛的人觉得真是太容易了，而没有过去的人每次见到委托和事件都会觉得心里堵得慌，浑身不自在。在本章中将由浅入深地讲解什么是委托、为什么要使用委托以及委托和事件的使用。

12.1 理解和声明委托

12.1.1 声明委托

首先看下面两个最简单的方法，它们不过是在屏幕上输出一句问候语：

```
public void GreetPeople(string name)
{
    EnglishGreeting(name);
}
public void EnglishGreeting(string name)
{
    System.Console.WriteLine("Good Morning, " + name);
}
```

GreetPeople 用于向某人问好，当传递代表某人姓名的 name 参数(比如说“Liker”)进去的时候，在这个方法中将调用 EnglishGreeting 方法，再次传递 name 参数，EnglishGreeting 则用于向屏幕输出“Good Morning，Liker”。

假设这个程序需要进行多语言化，比如我是中国人，我不明白“Good Morning”是什么意思，怎么办呢？好吧，我们再加个中文版的问候方法：

```
public void ChineseGreeting(string name)
{
    Console.WriteLine("早上好, " + name);
}
```

到这里如果想让程序正常运行，我们之前的方法也要做适当修改，不然如何判断到底用哪个版本的 Greeting 问候方法合适呢？在进行这个之前最好定义一个枚举作为判断的依据：

```
public enum Language
{
    English, Chinese
}
public void GreetPeople(string name, Language lang)
{
    switch (lang)
    {
        case Language.English:
            EnglishGreeting(name);
            break;
        case Language.Chinese:
            ChineseGreeting(name);
            break;
    }
}
```

尽管这样解决了问题，但我不说大家也很容易想到，这个解决方案的可扩展性很差，如果日后需要再添加韩文版、日文版，就不得不反复修改枚举和 GreetPeople()方法，以适应新的需求。

这时就要用到委托(delegate)，委托是指向一个方法的指针，有些读者也许已经想到委托和 C++中的指向函数的指数有一些相似，其实委托在 C# 中扮演的角色和 C++中的函数指针极为相似。

定义委托的语法和定义方法比较相似，只是比方法多了一个关键字 delegate。我们知道方法就是将类型参数化，所谓的类型参数化就是该方法接受一个参数，而该参数是某种类型的参数，比如 int、string 等；而委托是将方法参数化，说了类型参数化之后，相信读者也能猜到方法参数化的意思，对，就是将方法作为一个参数传到一个委托中。下面来看声明委托的语句：

```
public delegate void MyDelegate();
```

继续上面举过的 GreetPeople 的例子，在运用委托以后可以声明这样一个委托：

```
public delegate void GreetingDelegate(string name);
```

与上面 EnglishGreeting()方法的签名对比一下，除了加入了 delegate 关键字以外，其余的完全一样。现在让我们再次改动 GreetPeople()方法，如下所示：

```
public delegate void GreetingDelegate(string name);
public void GreetPeople(string name, GreetingDelegate MakeGreeting)
{
    MakeGreeting(name);
}
```

正如所见，委托 GreetingDelegate 出现的位置与 string 相同，string 是一个类型，那么 GreetingDelegate 应该也是一个类型，或者叫类（Class）。委托在编译的时候确实会编译成类。因为 Delegate 是一个类，所以在任何可以声明类的地方都可以声明委托。

让我们来看这个例子的完整代码：

```
public delegate void GreetingDelegate(string name);

class Program
{
    private static void EnglishGreeting(string name)
    {
        Console.WriteLine("Good Morning, " + name);
    }

    private static void ChineseGreeting(string name)
    {
        Console.WriteLine("早上好, " + name);
    }

    private static void GreetPeople(string name, GreetingDelegate MakeGreeting)
    {
        MakeGreeting(name);
    }

    static void Main(string[] args)
    {
        GreetPeople("Liker", EnglishGreeting);
        GreetPeople("王林", ChineseGreeting);
        Console.ReadLine();
    }
}
```

这里对委托做一个总结：委托是一个类，它定义了方法的类型，使得可以将方法当作另一个方法的参数进行传递，这种将方法动态地赋给参数的做法可以避免在程序中大量使用 if … else(switch)语句，并且使程序具有更好的可扩展性。

12.1.2 将方法绑定到委托

经过上面的学习，我们知道既然委托 GreetingDelegate 和类型 string 的地位一样，都是定义了一种参数类型，那么是不是可以如下使用委托？

```
static void Main(string[] args)
{
    GreetingDelegate delegate1, delegate2;
```

```
        delegate1 = EnglishGreeting;
        delegate2 = ChineseGreeting;
        GreetPeople("Liker", delegate1);
        GreetPeople("王林", delegate2);
        Console.ReadLine();
    }
```

这样是没有问题的，程序一如预料的那样输出。在这里我想说的是委托不同于 string 的一个特性：可以将多个方法赋给同一个委托，或者叫将多个方法绑定到同一个委托，当调用这个委托的时候将依次调用其绑定的方法。在这个例子中语法如下：

```
    static void Main(string[] args)
    {
        GreetingDelegate delegate1;
        delegate1 = EnglishGreeting;
        delegate1 += ChineseGreeting;
        GreetPeople("Liker", delegate1);
        Console.ReadLine();
    }
```

注意，这里第一次用的"="是赋值的语法；第二次用的是"+="，是绑定的语法。如果第一次就使用"+="，将出现"使用了未赋值的局部变量"的编译错误。

既然可以给委托绑定一个方法，那么也应该有办法取消对方法的绑定，大家很容易想到这个语法是"-="：

```
    static void Main(string[] args)
    {
        GreetingDelegate delegate1 = new GreetingDelegate(EnglishGreeting);
        delegate1 += ChineseGreeting;
        GreetPeople("Liker", delegate1);
        Console.WriteLine();

        delegate1 -= EnglishGreeting;
        GreetPeople("王林", delegate1);
        Console.ReadLine();
    }
```

使用委托可以将多个方法绑定到同一个委托变量，当调用此变量时（这里用"调用"这个词，是因为此变量代表一个方法）可以依次调用所有绑定的方法。

12.2 声明和引发事件

我们继续思考上面的程序：上面的 3 个方法都定义在 Program 类中，这样做是为了理解方便，在实际应用中通常都是 GreetPeople 在一个类中，ChineseGreeting 和 EnglishGreeting 在另外的类中。现在读者已经对委托有了初步的了解，是时候对上面的例子做改进了。假如将 GreetingPeople() 放在一个叫 GreetingManager 的类中，那么新程序应该是这样的：

```
namespace Delegate
{
    public delegate void GreetingDelegate(string name);

    public class GreetingManager
    {
        public void GreetPeople(string name, GreetingDelegate MakeGreeting)
        {
            MakeGreeting(name);
        }
    }

    class Program
    {
        private static void EnglishGreeting(string name)
        {
            Console.WriteLine("Good Morning, " + name);
        }

        private static void ChineseGreeting(string name)
        {
            Console.WriteLine("早上好," + name);
        }

        static void Main(string[] args)
        {
            GreetingManager gm = new GreetingManager();
            gm.GreetPeople("Liker", EnglishGreeting);
            gm.GreetPeople("王林", ChineseGreeting);
        }
    }
}
```

输出结果就像我们预料的那样：

```
Good Morning, Liker
早上好,王林
```

现在假如需要使用上一节学到的知识，将多个方法绑定到同一个委托变量，那么该如何做呢？让我们再次改写代码：

```
static void Main(string[] args)
{
    GreetingManager gm = new GreetingManager();
    GreetingDelegate delegate1;
    delegate1 = EnglishGreeting;
    delegate1 += ChineseGreeting;
    gm.GreetPeople("Liker", delegate1);
}
```

到了这里，我们不禁想到：面向对象设计讲究的是对象的封装，既然可以声明委托类型的变量(在上例中是 delegate1)，为何不将这个变量封装到 GreetManager 类中？在这个类的客户端中使用不是更方便么？于是改写上面的代码：

```
public class GreetingManager
{

    public GreetingDelegate delegate1;

    public void GreetPeople(string name, GreetingDelegate MakeGreeting)
    {
        MakeGreeting(name);
    }
}
```

我们这样使用委托变量：

```
static void Main(string[] args)
{
    GreetingManager gm = new GreetingManager();
    gm.delegate1 = EnglishGreeting;
    gm.delegate1 += ChineseGreeting;
    gm.GreetPeople("Liker", gm.delegate1);
}
```

尽管这样做没有任何问题，但我们发现这条语句很奇怪。在调用 gm.GreetPeople 方法的时候再次传递了 gm 的 delegate1 字段，我们到这里就像找到一种能进行封装委托类型的变量，于是事件(event)应运而生。它封装了委托类型的变量，使得在类的内部不管用户声明它是 public 还是 protected，它总是 private 的。在类的外部注册“+=”和注销“-=”的访问限定符与用户在声明事件时使用的访问符相同。我们改写 GreetingManager 类，它变成了这个样子：

```
public class GreetingManager
{
    public event GreetingDelegate MakeGreet;

    public void GreetPeople(string name)
    {
        MakeGreet(name);
    }
}
```

大家很容易注意到：MakeGreet 事件的声明与之前委托变量 delegate1 的声明唯一的区别是多了一个 event 关键字。看到这里，再结合上面的讲解，读者应该明白事件其实没什么不好理解的，声明一个事件不过类似于声明一个进行了封装的委托类型的变量而已，所以在使用方法的时候要直接使用“+=”进行订阅。

小　结

本章讲述了如何使用委托来引用方法并调用那些方法，讲述了如何定义使用一个委托来运行多个方法，最后还讲述了如何定义和使用事件，以便触发一个方法的自动运行。

习　题

习题 12-1　声明一个委托 Calculator,并将方法集绑定到委托上,要求能实现加、减、乘、除 4 项功能。

习题 12-2　简要叙述为什么需要事件关键字。

习题 12-3　在第一题的基础上将用委托的实现改为运用事件实现。

第13章　操作符重载

在第2章已经学习了操作符的基本概念，而在逻辑表达式、数组等内容的学习中已经熟练使用了“＋”“－”“＋＋”“&&”“[ ]”“＞＝”等操作符。对于这些操作符的使用仅限于基本数据类型。通过学习面向对象的相关内容，读者也可以自己声明新的类型。但是对于这些新的类型却不能够使用这些操作符。如果新定义的数据类型只能够读/写其字段，那么还不如不将这些字段封装。本章将介绍操作符重载，通过对相关方法的声明可以在类或结构体的对象之间使用操作符，方便新定义类型的计算。

13.1　常见操作符

13.1.1　回顾操作符

在学习新内容之前首先回顾一下常见的操作符。操作符连接标识符成为表达式，使得变量之间能够根据相关的规则进行计算。常见的操作符如下。

基本操作符：(x)、x. y、a[x]、x＋＋、x－－、new、typeof、sizeof、checked、unchecked。

一元操作符：＋、－、～、!、＋＋x、－－x、(T)x。

乘法操作符：*、/、％。

加法操作符：＋、－。

移位操作符：＜＜、＞＞。

关系操作符：＜、＞、＜＝、＞＝、is、as。

相等操作符：＝＝、!＝。

逻辑与：&。

逻辑非：^。

逻辑或：|。

条件与：&&。

条件或：||。

条件判断：c? x:y。

赋值操作符：＝、＋＝、－＝、*＝、/＝、％＝、＜＜＝、＞＞＝、&＝、^＝、|＝。

不同的操作符之间有着优先级的区别，和数学表达式一样。例如“*”的优先级高于“＋”的优先级，若想先计算加法内容，则需要加上括号。

13.1.2　重载

重载是指相同的方法名称却有着不同的参数列表，使用重载的意义在于可以让多种类型和个数的参数适用于同一个逻辑。具体的内容已经在 5.2.1 节讲过，Console. WriteLine 方法就经过了重载，这样我们才能用这个方法输出多种类型的变量值。请读者回顾一下 Console. WriteLine 的定义并体会重载的作用。

13.1.3 重载和操作符

操作符看起来只是一个符号，实际上它是一个方法。例如可以将“＋”操作符理解成方法 plus，a＋b 可以理解成 a. plus(b)。

既然操作符是一种方法，重载也是针对方法而言的，那么重载操作符就不难理解了，就是对操作符这种方法的参数列表进行修改，使得这个方法能够适应其他类型。这些操作符已经能够适应基本数据类型，我们要做的就是让操作符能够适应定义的新类型，当然内部的逻辑也需要更改。

13.2 重载操作符

13.2.1 重载算术操作符

假如创建了一个复数类 Complex。复数应该包括实部和虚部，那么它的字段应该包括实部 real 和虚部 imaginary：

```
class Complex
{
    public int real{set; get; }
    public int imaginary{set; get;};
    public Complex(int r, int i)
    {
        this.real = r;
        this.imaginary = i;
    }
    …
}
```

显然，复数类应该支持复数的相关运算。例如两复数的加法需要的是实部与实部相加、虚部与虚部相加。现在已经明确了复数加法的逻辑，下面就可以在类中重载加法操作符了：

```
class Complex
{
    …
    public static Complex operator + (Complex left, Complex right)
    {
        return new Complex(left.real + right.real, left.imaginary + right.imaginary);
    }
}
```

注意，方法的名称不能是一个简单的“＋”，而应该在前面加上一个 operator。其他的操作符进行重载时也是一样，方法名为关键字 operator 和相关的操作符。由于操作符是 public 的，在重载时也必须声明为 public；操作符必须声明为 static，这样做拒绝了多态性。

对于重载的参数，由于加法操作符是二元操作符，因此应该有两个参数(对于一元操作符，应该包含一个参数)。之所以在复数类中进行操作符重载，就是为了实现复数间的加法，因此参数类型应为 Complex，返回类型也是 Complex。

方法体内则直接返回了一个 Complex 实例。首先创建 Complex 实例，根据之前定义的构造器为其提供参数。实部是两实部之和，虚部是两虚部之和。

在完成了对加法操作符的重载后就可以对两复数做加法了：

```
static void Main(string[ ] args)
{
    Complex c1 =  new Complex(1,1);
    Complex c2 =  new Complex(2,2);
    Complex c3 = c1 + c2;
}
```

复数 c1 为 1+1i，复数 c2 为 2+2i，两复数之和 c3 应为 3+3i。那么如何验证我们的预测是否正确呢？可以获取 c3 的字段，也可以对 ToString 方法进行重写，使其转化为字符串方便输出：

```
class Complex
{
    …
    public override String ToString ()
    {
        return String.Format("({0} + {1}i)", this.real, this.imaginary);
    }
}
```

这里的{0}和{1}就像是一种参数，代表了 this.real 和 this.imaginary 的位置，与 C 语言的输出类似。重写后返回的字符串都具有(a+bi)的格式。

完成了对 ToString 的重写，就可以将复数对象转换为字符串输出了：

```
static void Main(string[ ] args)
{
    Complex c1 =  new Complex(1,1);
    Complex c2 =  new Complex(2,2);
    Complex c3 = c1 + c2;
    Console.Writeline(c3.ToString());      //输出(3 + 3i)
}
```

通过输出可以看到，对加法操作符的重载是十分有效的。

13.2.2 对称的操作符

在上一小节中对加法操作符进行了重载，使其能够适应两个复数类型的变量相加。事实上复数也可以和实数相加，这就需要再对加法操作符进行一次重载，在此简化为和 int 类型的变量相加：

```
class Complex
{
```

```
    …
    public static Complex operator +(Complex left, Complex right)
    {
        return new Complex(left.real + right.real, left.imaginary + right.imaginary);
    }
    public static Complex operator +(Complex left, int right)
    {
        return new Complex(left.real + right, left.imaginary);
    }
}
```

可以看到，只需要对方法的参数进行修改，将右值设为int类型的变量即可。对于加法的结果，实部和右值相加，虚部不变。而相加的结果仍为复数，因此返回类型仍为Complex。

又一次完成重载后就可以对一个复数和一个整数做加法了：

```
static void Main(string[] args)
{
    Complex c1 = new Complex(1,1);
    int integer2 = 3;
    Complex c3 = c1 + integer2;
    Console.Writeline(c3.ToString());        //输出(4 + 1i)
}
```

这里对同一个操作符做了多次重载，在执行时编译器也会根据两操作数的类型选择合适的方法。值得注意的是，刚刚重载的方法只适用于左值是复数、右值是整数的情况，一旦将两变量的位置颠倒将不能通过编译：

```
//错误示例
static void Main(string[] args)
{
    Complex c1 = new Complex(1,1);
    int integer2 = 3;
    Complex c3 = integer2 + c1;          //编译错误，找不到左值为int、右值为Complex的方法
    Console.Writeline(c3.ToString());
}
```

这看起来很荒谬，因为这似乎不能支持加法交换律。事实就是如此，若想实现左值为int、右值为Complex的版本，还需要再进行重载。

13.2.3 复合的赋值操作符

对于一个复合赋值操作符而言，例如"+="，完成了加法操作符的重载也就完成了复合赋值操作符的重载。对于a+=b，编译器会将其理解成a=a+b。如果已经重载了相关的操作符，那么在使用复合赋值操作符时就会默认调用相关的操作符。例如：

```
static void Main(string[] args)
{
    Complex c1 = new Complex(1,1);
    int integer2 = 3;
    c1 += integer2;                    //相当于"c1 = c1 + integer2;"
```

```
        Console.Writeline(c1.ToString());
    }
```

由于已经重载了左值为复数、右值为整型的加法操作符，在执行“c1 += integer2”语句时先求和再赋值。若两值位置交换的加法操作符已经重载，语句“integer2 += c1”仍然是不合法的。因为虽然可以进行 integer2+c1 的加法，但不能将一个复数类型的变量赋给 int 类型。用户在使用时需要注意。

13.2.4 递增和递减操作符

除了基本的加法操作符以外，递增操作符也可以进行加法运算。它有两个特殊之处：递增操作符只能加一，且有前缀和后缀形式之分。前缀形式是指递增操作符在前，例如++i，其效果是将 i 加一，并返回加一后的值；后缀形式是指递增操作符在后，例如 i++，其效果是先返回 i 此时的值，之后对 i 加一。这样的形式导致在重载时需要根据类与结构体的不同采用不同的处理办法。

如果需要使用递增或递减操作符，可以在明确其逻辑意义后进行重载。例如，复数的递增操作符可以定义为将实部加一、虚部保持不变。如果是对于结构体 Complex，重载的方式如下：

```
struct Complex
{
    public static Complex operator++( Complex c)
    {
        c.real++;
        return c;
    }
    …
}
```

在重载时注意，递增操作符的可访问性也是 public，同时必须声明为 static。其内部的逻辑容易理解，将实部加一后返回整个复数。

用户可以测试一下递增操作符是否有效：

```
static void Main(string[ ] args)
{
    Complex c1 = new Complex(1,1);
    Complex c2 = c1++;
    Console.Writeline(c1.ToString());     //输出 (2 + 1i)
    Console.Writeline(c2.ToString());     //输出 (1 + 1i)
}
```

这样的重载方式对于结构体而言是有效的，但如果是类则会出现错误。前面反复提到结构体是值类型，而类是引用类型。对于语句“c2=c1++”，如果是值类型，c2 就会获得 c1 的一个副本，之后 c1 的自增不会改变 c2 的值，相当于栈中有两个复数的数据，它们互不干扰。如果是引用类型，“c2=c1++”语句会使 c1 和 c2 引用同一个对象，实际上两者使用的是堆中的同一份数据，c1 的自增会改变堆中的数据，由于 c2 也是引用的这个对象，实际上 c2 的值也会跟着变化，两者的值都会是(2+1i)，这显然与后缀形式的自增操作符的效果有

悖。因此,对于类而言,递增操作符的重载应该做出变化:

```
class Complex
{
    public static Complex operator++ ( Complex c)
    {
        return new Complex(c.real + 1,c.imaginary);
    }
    …
}
```

可以看到,递增操作符根据原始数据创建了一个新的对象,递增操作的效果不会影响到原始数据。

13.2.5 相等操作符

判断两个对象是否相等也是十分常见的。例如可以重载“==”操作符,但是要注意一旦重载了“==”操作符,必须也重载“!=”操作符。另外还有“>”与“<”操作符、“>=”与“<=”操作符,都要一对一对地重载,不能只重载其中之一。相等与不等的逻辑含义十分简单,返回类型就是 bool 类型,其重载如下:

```
class Complex
{
    public static bool operator == ( Complex left, Complex right)
    {
        return (left.real == right.real)&&(left.imaginary == right.imaginary);
    }
    public static bool operator!= ( Complex left, Complex right)
    {
        return (left.real!= right.real) || (left.imaginary!= right.imaginary);
    }
    …
}
```

13.2.6 再谈类型转换

通过上文几个小节的讲解,读者已经可以使用重载操作符让自定义的新类型进行相关的运算。除了运算之外,如果需要类型之间的转换,可以通过重载转换操作符实现。

在第 2 章已经对类型转换有所介绍。类型转换分为隐式转换和显式转换。例如,long 类型所能表达的数据范围大于 int 类型,如果将 long 类型转换为 int 类型有可能丢失数据。如果一定要进行转换,只能使用显式转换,也称为强制类型转换。如果将 int 类型转换为 long 类型,并不会丢失数据,即使不显式地表示转换,编译器也会帮助进行类型转换,这就叫隐式转换。对于自定义的类型,如果需要转换,也可以通过重载自定义转换方式。

例如 int 类型,可以将其转换为复数类 Complex。因为复数的范围大于整数,从整数转换为复数只需要将复数的虚部设为 0 即可:

```
class Complex
```

```
{
    public static implicit operator Complex (int source)
    {
        return new Complex(source, 0);
    }
    …
}
```

implicit 表示隐式转换，operator Complex 表示转换为 Complex 类型。那么返回类型自然也是 Complex，根据 int 类型的值创建一个 Complex 实例作为实例的实部，虚部设为 0。

用户还可以将复数类 Complex 转换为 int 类型，但是这一转换过程可能丢失数据，因为复数的范围要大于整数，int 类型只能保存其实部，不能保存其虚部，应当声明一个显式的类型转换：

```
class Complex
{
    public static explicit operator int (Complex source)
    {
        return source.real;
    }
    …
}
```

explicit 表示显式转换，operator int 表示转换为 Complex 类型，因此只取复数的实部返回即可。

至此通过重载转换操作符完成了 Complex 与 int 类型的相互转换。下面来看类型转换的使用：

```
static void Main(string[] args)
{
    Complex c1 = 1;                        //隐式转换,c1 的实部为 1、虚部为 0
    int number = (int) c1;                 //显式转换,将 c1 的实部赋给 number
}
```

既然能够完成类型转换，那么 13.2.2 节的问题也就可以解决了。在 13.2.2 节中，为了能够适应加法操作符两边操作数的类型，我们不得不对加法操作符做 3 次重载，使其能够支持 int+Complex、Complex+int、Complex+Complex 几种情况。实现了类型转换就不必做 3 次重载了，因为 int 类型可以隐式转换为 Complex 类型。只重载 Complex+Complex 即可，如果有一个值是 int 类型，那么会被隐式转换为 Complex 类型，所用的加法操作符版本仍然是 Complex+Complex 的版本。具体实现如下：

```
class Complex
{
    …
    public static Complex operator + (Complex left, Complex right)
    {
        return new Complex(left.real + right.real, left.imaginary + right.imaginary);
    }
```

```
    public static implicit operator Complex (int source)
    {
        return new Complex(source, 0);
    }
}
```

同时对加法操作符和转换操作符重载后就可以支持 int 类型与 Complex 类型的相加了：

```
static void Main(string[] args)
{
    Complex c1 = (1,2);
    Complex c2 = c1 + 1;                    //整型被隐式转换为 Complex
    Complex c3 = 1 + c1;                    //整型被隐式转换为 Complex
}
```

13.3 操作符重载的作用

所谓操作符重载其实就是重载方法，只不过重载的方法有些特殊，是支持操作符运算的方法。之所以要进行操作符重载，是为了让类(或结构体)的编写更有意义，能让新定义的类型参与到运算中。通过重载算术操作符，新的类型可以像 int、double 类型一样进行运算；通过重载相等操作符，新的类型之间也可以进行相等的判断。这样新定义的类型的使用才更加丰满，否则，如果只能进行字段的读/写还不如只使用基本的数据类型。

我们编写程序的目的是模拟现实，但并非现实中的事物都可以用“1＋1”的抽象表达表示，实际的情况其实是“一台电脑＋一台电脑”“一位学生＋一位学生”，我们从现实抽象出对象，用多种数据类型表达这一对象的各个属性，将其封装在一起形成类(或结构体)。如果说 set 与 get 方法帮助用户获取对象的内部信息，那么重载操作符后就可以将对象视为一个整体进行计算，这就离模拟现实更近了一步。

不是所有的操作符都需要重载，用户需要根据类(或结构体)的实际含义选取需要的操作符进行重载。例如在第 9 章所举的雇员 employee 的例子，移位操作符“＞＞”对其而言是没有意义的，因为无法对一个人进行移位这一运算。如果需要比较两个雇员的年龄大小，就可以重载“＞”操作符进行比较，总之是根据需求重载需要的操作符。

在重载操作符时请注意，其逻辑含义最好与这个操作符本来的含义类似。虽然如何重载由编程者决定，但是也要考虑使用者的感受。例如为 Complex 类重载加法操作符：

```
class Complex
{
    …
    public static Complex operator + (Complex left, Complex right)
    {
        return new Complex(left.real - right.real,left.imaginary - right.imaginary);
    }
}
```

读者应该注意到，重载的加法操作符的实际逻辑是对两个复数做了减法。编写这段程序的人也可能将减法操作符的实际逻辑改成了将两复数求和。对于使用者而言，如果没有阅读这段代码，本想通过语句“c1＋c2”进行求和，但得到的实际结果是两复数相减，这样的结果会让人十分困惑。即便了解重载的逻辑，在使用时也会非常蹩脚，要将两复数求和，却要写成“c1-c2”这样的语句。对于这样的做法编译器不会检查出错误，虽然能够完成任务，但使用方式却和常识背道而驰。用户在设计操作符重载时也要注意，其逻辑实现应该与操作符本身的含义类似，这样才方便使用。

小　　结

本章介绍了操作符重载，其实它也是一种重载，目的是让自定义的类或结构体能够进行相关的算术操作，具体的使用方法如下。

重载操作符：

```
class(struct) 类名
{
    …
    public static 返回类型 operator 操作符(相关参数)
    {
        逻辑实现
    }
}
```

类型转换：

```
class(struct) 类名
{
    …
    public static implicit(explicit)operator 目标类型(源类型参数)
    {
        逻辑实现
    }
}
```

习　　题

习题 13-1　试简述操作符重载的本质与意义。

习题 13-2　编程实现：完善日期结构体 Date。

(1) 重载自增操作符＋＋，实现日期加 1。

(2) 重载加法操作符＋，能够将日期递增指定天数。

(3) 重写 ToString，按照“yyyy 年 mm 月 dd 日”的格式输出字符串。

习题 13-3　编程实现：编写课程类 Course。

(1) 创建属性：课程名称 name，string 类型；学分 creditHour，int 类型。

(2) 完善 set、get 方法的逻辑。

(3) 重写 ToString，按照“<课程名称>学分：<学分>”的格式输出字符串。

第 14 章　注释与 XML

在实际的项目开发中往往会有各种各样的人参与编程工作，通常来讲，不同的人总有不同的编程习惯，这就造成团队之中的每个人不能对代码有着共同并且清晰的认识，从而造成项目工程实施的困难。注释这一元素是为解决这种团队合作之中的困境应运而生。注释是需要团队中的每个人用心维护的，当团队成员在编写代码时，不论是在声明变量、函数或是实现方法的时候，在代码旁边写上自己的想法以及思路等，这对于他人无障碍地理解自己写的代码十分有帮助。

14.1　注释的基本规范

代码是由人编写并维护的，请确保代码能够自描述、注释良好并且易于他人理解。好的代码注释能够传达上下文关系和代码目的。

通常来讲，在写代码前就应该添加注释。如果在编写代码最后再添加注释，它将花费程序员双倍的时间。

写注释也有不方便的一面，即增加了程序员的工作量，但有了注释下一个人在阅读这段代码的时候往往会事半功倍。所以按照规范编写注释对一个程序员来说是基本要求，下面讲解基本的注释规范，这在很多编程语言中都适用。

14.1.1　注释风格

使用//或/＊ ＊/都可以将想要注释的文字标识出来，这样编译器会跳过注释的文字，//的使用更加广泛，并且在同一个项目中注释的风格应确保统一。示例如下：

```
int a;                                  //声明变量 a
int a;                                  /*声明变量 a*/
```

这两种注释风格有一个显著的区别，//类型的注释只能将//之后的符号进行注释，并不能将下一行的文字注释；而另一种注释风格/＊＊/更为方便，可以将/＊和＊/两个符号之间的所有文字和符号注释。

14.1.2　文件注释

在每一个文件开头加入版权公告，然后是文件内容描述、法律公告和作者信息。

(1) 版权(copyright statement)：例如 Copyright 2008 Google Inc. 。

(2) 许可版本(license boilerplate)：为项目选择合适的许可证版本，例如 Apache 2.0、

BSD、LGPL、GPL。

(3) 作者(author line)：标识文件的原始作者。如果用户对其他人创建的文件做了重大修改，将自己的信息添加到作者信息里，这样当其他人对该文件有疑问时可以知道应该联系谁。

下面是一个示例：

```
//Copyright 2016 Microsoft
//ASP.NET version 4.5
//created by John Smith
```

14.1.3 类注释

每个类的定义从理论上来讲都要附着描述类的功能和用法的注释。

下面是一个示例：

```
//Iterates over the contents of a GargantuanTable. Sample usage:
//     GargantuanTable_Iterator iter = table->NewIterator();
//     for (iter->Seek("foo"); !iter->done(); iter->Next()) {
//       process(iter->key(), iter->value());
//     }
//       delete iter;

class GargantuanTable_Iterator
{
…
};
```

14.1.4 方法注释

方法注释首先是声明部分的注释，注释于声明之前，描述函数功能及用法，注释使用描述式(Opens the file)而非指令式(Open the file)；注释只是为了描述函数而不是告诉函数做什么。通常注释不会描述函数如何实现，那是定义部分的事情。

函数声明处注释的内容如下：

(1) inputs(输入)及 outputs(输出)。

(2) 对类成员函数而言，函数调用期间对象是否需要保持引用参数，是否会释放这些参数。

(3) 如果函数分配了空间，需要由调用者释放。

(4) 参数是否可以为 null。

(5) 是否存在函数使用的性能隐忧(performance implications)。

(6) 如果函数是可重入的(re-entrant)，其同步前提(synchronization assumptions)是什么？

下面是一个示例：

```
//Returns an iterator for this table. It is the client's
//responsibility to delete the iterator when it is done with it,
```

```
//and it must not use the iterator once the GargantuanTable object
//on which the iterator was created has been deleted.
//
//The iterator is initially positioned at the beginning of the table.
//
//This method is equivalent to:
//     Iterator iter = table->NewIterator();
//     iter->Seek("");
//     return iter;
//If you are going to immediately seek to another place in the
//returned iterator, it will be faster to use NewIterator()
//and avoid the extra seek.

Iterator GetIterator() const;
```

14.1.5 变量注释

类中的数据成员通常需要注释说明用途，如果变量可以接受 null 或－1 等警戒值(sentinel values)，须说明之，例如：

```
private:
//Keeps track of the total number of entries in the table.
//Used to ensure we do not go over the limit. -1 means
//that we don't yet know how many entries the table has.
int num_total_entries_;
```

14.1.6 TODO 注释

对那些临时的、短期的解决方案，或已经够好但并不完美的代码使用 TODO 注释。

这样的注释要使用全大写的字符串 TODO，后面括号(parentheses)里加上名字、邮件地址等，还可以加上冒号(colon)，目的是可以根据统一的 TODO 格式进行查找：

```
//TODO(wangjiuqi1@gmail.com): Use for to finish the function.
//TODO(Zeke) change this to use relations.
```

14.2 VS 2013 中的注释

在 VS 中可以方便地将一大段代码或者文字进行注释，不用每一行都输入//符号。全部注释用“Ctrl＋E,C”，在某些时候这绝对省时、省力。与之对应的全部取消注释用“Ctrl＋E,U”。

VS 注释示例如下：

```
static void Main(string[] args)
{
    //int a = 0;
    //int b = 1;
    //int c = a + b;
}
```

14.3 使用 XML 添加注释

C#引入了新的 XML 注释,.NET 允许开发人员在源代码中插入 XML 注释,这在多人协作开发的时候显得特别有用。C#解析器可以把代码文件中的这些 XML 标记提取出来,并进一步处理为外部文档。在本节中将展示如何使用这些 XML 注释。在项目开发中很多人并不乐意写繁杂的文档,但是开发组长希望代码注释尽可能详细;项目规划人员希望代码设计文档尽可能详尽;测试、检查人员希望功能说明书尽可能详细。如果这些文档都被要求写,保持它们同步很难。

那么为何不把这些信息保存在一个地方呢?最容易想到的地方就是代码的注释中,但是人们很难通览程序,并且有些需要这些文档的人并不懂编码。最好的办法是通过使用 XML 注释来解决这些问题。代码注释、用户手册、开发人员手册、测试计划等文档可以很方便地从 XML 注释中获得。本文讲解.NET 中经常使用的 XML 注释。

所有的 XML 注释都在 3 个向前的斜线之后(///)。两条斜线表示是一个注释,编译器将忽略后面的内容。3 条斜线告诉编译器后面是 XML 注释,需要适当地处理。

当开发人员输入 3 个向前的斜线后,Microsoft Visual Studio .NET IDE 自动检查它是否在类或者类成员的定义的前面。如果是,Visual Studio .NET IDE 将自动插入注释标记,开发人员只需要增加一些额外的标记和值。下面就是在成员函数前增加 3 个斜线的注释:

```
///< summary >
        ///得到指定酒店的酒店信息
        ///</summary >
        ///< param name = "hotelId">酒店 Id </param >
        ///< param name = "languageCode">语言码.中文为 zh - cn </param >
        ///< returns >酒店信息对象</returns >
        [OperationContract]
        OutHotelInfo GetHotelInfoByHotelId(string loginName, string loginPassword, string
hotelId, string languageCode);
```

这里嵌入的 summary、param、returns 标记是 Visual Studio 能够识别的标记。XML 注释分为一级注释(Primary Tags)和二级注释(Secondary Tags),前者可以单独存在,后者必须包含在一级注释内部。

常见的 XML 注释标记如下:

1. 一级注释

(1) < remarks >对类型进行描述,功能类似< summary >,建议使用< remarks >;

(2) < summary >对共有类型的类、方法、属性或字段进行注释;

(3) < value >主要用于属性的注释,表示属性的值的含义,可以配合< summary >使用;

(4) < param >用于对方法的参数进行说明,格式为< paramname="param_name"> value </param >;

(5) < returns >用于定义方法的返回值,对于一个方法,在输入///后会自动添加< summary >、< param >列表和< returns >;

(6) < exception >定义可能抛出的异常,格式为< exception cref="IDNotFoundException">;

(7) <example>用于给出某个方法、属性或者字段的使用方法；

(8) <permission>涉及方法的访问许可；

(9) <seealso>用于参考某个其他的东西，也可以通过 cref 设置属性；

(10) <include>用于指示外部的 XML 注释。

2. 二级注释

(1) <c> or <code>主要用于加入代码段；

(2) <para>的作用类似 HTML 中的<p>标记符，就是分段；

(3) <pararef>用于引用某个参数；

(4) <see>的作用类似<seealso>，可以指示其他的方法；

(5) <list>用于生成一个列表。

小　结

本章主要讲解了"注释"这一编程语言中通用的概念，以及"XML 注释"这种在.NET 平台上特有的说明文档形式。本章的内容相对比较简单，但实际规范的注释往往是极为重要的，希望读者能养成良好的编程习惯。

习　题

习题 14-1　简要介绍为什么编程需要注释。

习题 14-2　简要列出类注释中需要包含的内容。

习题 14-3　请读者自行探究 Visual Studio 中如何生成单独的 XML 文件。

第 15 章　C# 的最新特性

截至第 14 章，C# 的重要语法已经大部分呈现给读者，本章将补充一些 C# 2.0、C# 3.0、C# 4.0 的特性，但不可能将所有特性呈现，本章选取了一些非常重要的特性作为补充，相信会为读者的编程提供帮助。

15.1 泛　　型

15.1.1 object 存在的问题

假如需要一个 Buffer 类用来进行各种类型的缓存读取操作。为了能够适应各种类型，我们想到了使用 object——所有类型的基类作为字段类型。这样无论是基本数据类型还是定义的类或结构体，object 都能够适应：

```
class Buffer
{
    private object[] data;
    public void Put(object x) {…}
    public object Get() {…}
}
```

但是在使用时会出现问题。我们在 7.3.2 节中学习了拆箱与装箱，当值类型的变量转换与 object 类型互相转换时会出现，这会造成较大的开销：

```
buffer.Put(3);                          //发生装箱
int x = (int)buffer.Get();              //发生拆箱
```

在 buffer.Put(3)语句中，3 被默认为 int 类型，是值类型，就会发生装箱。无论如何，拆箱与装箱会产生较大的运行时开销。

除了拆箱与装箱，类型转换也可能出现麻烦：

```
buffer.Put(new Circle());
Rectangle r = (Rectangle)buffer.Get();   //运行时错误
```

虽然 Put 方法和 Get 方法的参数都是 object，但必须要将 Get 方法返回的值转换为适当的类型，因为编译器不支持从 object 类型的自动转换，那就需要使用强制类型转换，有可能出现上述代码。上述代码虽然可以通过编译，但会发生运行时错误，因为程序将一个 Circle 引用到 Rectangle 变量中，但二者不是兼容的。这种代码在编译时是检查不出来的，因为无论从语法、语义上看都是没有什么问题的，但在运行时会检查出问题。

由此可见使用 object 会产生很多问题，而**泛型**(generic)的引入为用户提供了另一种解决方法，泛型的强大之处在于避免了强制类型转换，减少装箱与拆箱，取而代之的是增加一个参数来表示类型，这叫**类型参数**(type parameter)。

15.1.2 泛型的使用

请看使用了泛型以后的 Buffer 类定义：

```
class Buffer <Element>
{
    private Element[ ] data;
    public void Put(Element x) {…}
    public Element Get() {…}
}
```

这里的 Element 代表类型参数，用户在使用时可以指定任意类型，这样其字段类型、Put 方法的参数类型和 Get 方法的返回类型都是所指定的类型。泛型的使用有些像 C++中的模板，它也可以动态地适应各种类型。总而言之，泛型的核心就是多了类型参数，这是一种专门指定类型的参数。类型参数需要写在类名后，写在一对中括号中。

下面来看使用了泛型的 Buffer 类：

```
Buffer<int> a = new Buffer<int>(100);
a.Put(3);                                    //无须装箱
int i = a.Get();                             //无须拆箱
Buffer<Rectangle> b = new Buffer<Rectangle>(100);
b.Put(new Rectangle());                      //接受 Rectangle 类型
Rectangle r = b.Get();                       //无须类型转换
```

在使用 Buffer 类时需要给出类型参数，也就是指定所使用的类型。例如实例 a 指定为 int 类型，则 Put 方法的参数类型和 Get 方法的返回类型就是 int 类型了，之后 a 实例的相关操作就不存在拆箱与装箱的问题。实例 b 指定为 Rectangle 类型，b 实例的相关操作也就都能够接受 Rectangle 类型了，不存在类型转换的问题。

泛型的使用也十分容易，就是自始至终都要在类名后的中括号内添加类型参数。支持泛型的 Buffer 类已经不存在单纯的 Buffer 类型，而必须要指定类型参数，从此 Buffer 类型都要写成类似于 Buffer<int>、Buffer<Rectangle>的形式。值得注意的是，泛型可以用同样的方法在结构体和接口中使用，在本章中都以类的使用作为实例。

前面只是使用了一个类型参数，也可以使用多个类型参数以适应不同类型的操作：

```
class Buffer <Element, Priority>
{
    private Element[ ] data;
    private Priority[ ] prio;
    public void Put(Element x, Priority prio) {…}
    public void Get(out Element x, out Priority prio) {…}
}
```

多个类型参数无非就是在类名后的中括号内写入多个类型参数，而字段和方法的参数类型与返回类型也可以有多种组合。下面看使用了两个类型参数的 Buffer 类的使用：

```
Buffer<int, int> a = new Buffer<int, int>();
a.Put(100, 0);
int elem, prio;
a.Get(out elem, out prio);
```

在这个实例中指定的两个类型参数都是 int，那么 Put 方法和 Get 方法的两个参数类型必须都是 int 类型。两个类型参数当然也可以不同，请看另一个例子：

```
Buffer<Rectangle, double> b = new Buffer<Rectangle, double>();
b.Put(new Rectangle(), 0.5);
Rectangle r; double prio;
b.Get(out r, out prio);
```

在这个例子中，第一个类型参数为 Rectangle，第二个类型参数为 double 类型。这里需要注意的是，Put 方法的第一个参数是 Rectangle 类型，第二个参数是 double 类型，不能颠倒顺序，Get 方法也是如此。用户可以理解为 Rectangle 替代了声明时的 Element，而 double 替代了 Priority，不能够颠倒顺序。Element、Priority 实际上就是占位符，真正的参数会替代占位符。

15.1.3 泛型中的限制

如果要使用一些特定的类或接口中的方法，也可以对所定义的类型参数进行限制，例如是某个类的派生类，或者是实现了某个接口，这样就可以使用相关的类或接口中的方法，请看示例：

```
class OrderedBuffer<Element, Priority> where Priority: IComparable {
    Element[] data;
    Priority[] prio;
    int lastElem;
    …
    public void Put(Element x, Priority p)
    {
        int i = lastElement;
        while (i >= 0 && p.CompareTo(prio[i]) > 0)
        {
            data[i+1] = data[i]; prio[i+1] = prio[i]; i--;
        }
        data[i+1] = x; prio[i+1] = p;
    }
}
```

在中括号后又添加了部分信息，where 关键字代表了一种筛选条件，和 SQL 语句中的 where 的含义类似。要求 Priority 类型必须是实现了 IComparable 接口的类型，也可以是某一个类的派生类。请看 Put 方法，其参数 p 是 Priority 类型的实例。由于其实现了接口 IComparable，就可以使用接口内的方法 CompareTo 了。

由于添加了这个限制，在使用时就需要注意了，Priority 位置的类型必须要满足限制。例如：

```
OrderedBuffer<int, int> a = new OrderedBuffer<int, int>();
a.Put(100, 3);
```

这里的第二个参数是 int 类型,它实现了 IComparable 接口,满足限制。

用户也可以添加多个限制,例如:

```
class OrderedBuffer<Element, Priority>
    where Element: MyClass
    where Priority: IComparable
    where Priority: ISerializable
{
    …
    public void Put(Element x, Priority p) {…}
    public void Get(out Element x, out Priority p) {…}
}
```

可以看到,每条限制都要使用 where 关键字,所指定的类型可以实现多个接口,也可以继承自一个父类。同样,用户在使用时也需要遵守限制:

```
OrderedBuffer<MySubclass, MyPrio> a = new OrderedBuffer<MySubclass, MyPrio>();
…
a.Put(new MySubclass(), new MyPrio(100));
```

这里要求 MySubclass 类必须是 MyClass 类的子类,而 MyPrio 必须已经实现了 IComparable 和 ISerializable 两个接口。

15.1.4 泛型与继承

在面向对象的学习中已经提到继承是面向对象的重要特性。支持泛型的类也有可能出现继承的关系,有可能一个泛型类要继承一个泛型类,或者一个泛型类要继承一个普通类。下面来看泛型类的继承:

```
class Buffer<Element>: List<Element>
{
    …
    public void Put(Element x)
    {
        this.Add(x);                    //Add is inherited from List
    }
}
```

这里的派生类是 Buffer<Element>,而其父类是 List<Element>。二者都是泛型类,在使用时需要保持两个类的类型参数一致。

泛型类也可以继承一个有类型参数的泛型类,例如 class T<X>: B<int>{…}。T<X>类可以使用 B<int>类的方法与 protected 字段。

当然,泛型类也可以继承一个不支持泛型的类,例如 class T<X>: B{…}。

注意,一个不支持泛型的具体类是不能够继承泛型类的。

```
//错误示例
  class MyBuffer: Buffer<Element>
```

```
{
    ...
}
```

原因也容易理解，泛型类的声明没有具体的类型信息，而具体类是不支持类型参数的，没有具体的类型信息具体类无所适从。

泛型类可以被继承，自然就存在方法重写的可能。在泛型类中使用占位符替代具体类型的方法称为泛型方法。如果父类的泛型方法被声明为 virtual，其子类在重写时相应的占位符的内容要保持与类型参数的一致。例如 Buffer < Element >类中声明了一个虚方法：

```
class Buffer<Element>
{
    ...
    public virtual void Put(Element x) {…}
}
```

之后又声明了子类 MyBuffer，它继承了 Buffer < int >。在重写 Put 方法时参数 x 的类型应该与父类保持一致，同样是 int 类型：

```
class MyBuffer: Buffer<int>
{
    ...
    public override void Put(int x) {…}
}
```

还有可能出现泛型类继承泛型类的情况，例如 MyBuffer < Element >类继承 Buffer < Element >，在重写 Put 方法时参数 x 的类型仍然是 Element：

```
class MyBuffer<Element>: Buffer<Element>
{
    ...
    public override void Put(Element x) {…}
}
```

当然，泛型方法也可以独自声明，例如声明一个 sort 方法用于排序：

```
static void Sort<T> (T[] a)
where T: IComparable
{
    for (int i = 0; i < a.Length - 1; i++)
    {
        for (int j = i + 1; j < a.Length; j++)
        {
            if (a[j].CompareTo(a[i]) < 0)
            T x = a[i]; a[i] = a[j]; a[j] = x;
        }
    }
}
```

类型参数的使用与在泛型类中相似，在方法名后添加占位符 T，方法内的类型都用此占位符代替。排序方法使用泛型后能够适应多种类型的排序。为了保证类型存在排序的意义，特加一条限制要求该类型必须实现 IComparable 接口，如果自定义的类型没有实现该接口，则不能使用 sort 方法进行排序的。

15.1.5 为泛型赋空值

有时需要先对一些字段赋初始值。对于具体类而言这十分容易，例如 int 类型可以默认赋为 0，布尔类型可以赋值为 false，引用类型可以默认赋为 null。但对于泛型而言，由于不知道它的具体类型，是不容易对其赋值的。在这里可以使用 default(占位符)为泛型变量赋默认值，例如：

```
void Foo<T>()
{
    T x = null;                         //错误
    T y = 0;                            //错误
    T z = default(T);                   //根据具体类型赋值为 0、'\0'、false、null
}
```

15.1.6 泛型类的实质

回顾一下泛型类的创建与继承的过程，其核心是通过类型参数传递具体类型，使得类或方法能够根据类型参数支持不同的类型。从效果上看这很智能，其实它的内部原理非常容易理解。

首先创建了泛型类 Buffer<Element>：

```
class Buffer<Element>
{
    …
}
```

在这一过程编译器生成了 CIL(Common Intermediate Language，通用中间语言)，所谓中间语言，简而言之就是没有翻译彻底。我们知道，编译器通过识别所写的代码进行词法、语法、语义等方面的分析，其最终目标是生成本机能够理解的汇编代码。通用中间语言不是编译器翻译的最终目标，它不是基于特定平台或处理器的目标代码，只是一种中间形式。在泛型类的创建中 CIL 包括了 Buffer 类的声明信息和占位符 Element。在使用时确定了类型参数后再对 CIL 做处理，生成最终的目标代码以便执行。

那么在使用泛型类创建实例时又发生了什么呢？根据内部原理，所提供的参数为值类型和引用类型时也有不同，需要区别对待。首先来看值类型：

```
Buffer<int> a = new Buffer<int>();
Buffer<int> b = new Buffer<int>();
Buffer<float> c = new Buffer<float>();
```

实例 a 是第一个实例，在创建时根据 CIL 的信息生成一个新类 Buffer<int>，复制逻辑代码并将 int 替代占位符 Element。根据 Buffer<int>类创建实例 a。

在创建实例 b 时，Buffer<int>类已经存在，这与具体类的实例创建过程相同，创建实例 b。

而实例 c 是 Buffer<float>类，这个类其实并未在目标代码中。这时根据 CIL 的信息生成一个新类 Buffer<float>，创建实例 c。从内部原理上看，Buffer<float>类与 Buffer<int>类没有任何关系，是独立存在的类，只不过它们有着相同的实现逻辑。在没有泛型之前需要程序员重复地写相同的逻辑以适应多种类型，而使用泛型的好处就在于程序员只需要写一次逻辑实现，之后的苦力活由编译器代替完成，但其实质都是一样的，复制相同的逻辑，创建不同类型的版本。

而引用类型和值类型还有所不同：

```
Buffer<string> a = new Buffer<string>();
Buffer<string> b = new Buffer<string>();
Buffer<Node> b = new Buffer<Node>();
```

创建实例 a 时不存在 Buffer<string>类，这时会根据 CIL 的信息生成一个新类 Buffer<object>，而非 Buffer<string>。对于所有的引用类型都是如此。而在创建实例 b 和 c 时由于 Buffer<object>类已经存在，直接创建实例。

15.2 匿名类型

15.2.1 匿名类型的意义与使用

匿名类型(anonymous types)的存在使得通过声明属性的值，创建一个新类型的实例成为可能。用户可以将一组只读属性封装到一个对象中，无须为此定义一个类型，而类型的名称由编译器自动生成，编程者不能够使用。下面来看一个示例：

```
var obj = new { Name = "John",Id = 100 };
```

这里声明了一个新类型的实例，它有两个属性，即 Name 和 Id，而在声明这个实例之前无须声明具有 Name 和 Id 两个属性的类。可以理解为编译器根据实例 obj 的创建默认写好了这个新类型的声明：

```
class ???
{
    public stringName { get; private set; }
    public intId { get; private set; }
}
```

之所以将类名称写为"???"是因为编译器会默认为此命名，而用户无法知道也无须知道这个类的名称是怎样的，只要能够创建这个实例并且能够访问属性即可。另一点需要注意的是，匿名类型的属性都是只读的，在初始化之后不能够被改写，因此可以理解为属性的 set 方法是 private。

而创建这个实例的过程可以假想为创建一个不知名的类的实例：

```
??? obj = new ???();
obj.Name = "John";
obj.Id = 100;
```

匿名类型的属性值可以是一个真实类的属性，也可以是局部变量，甚至是一个实体。例如已经创建了实体类 Student，又声明了局部变量 city：

```
class Student {
    public string Name;
    public int Id { get; set; }
    …
}
…
Student s = new Student();
string city = "London";
```

可以根据现有的实例 s 和局部变量 city 创建一个匿名类型的实例：

```
var obj = new { s.Name,s.Id,city };
```

可以看到，这个匿名类型有 3 个属性，即 Name、Id 和 city。我们将 city 和 Student 类的属性结合，形成一个新的类型。之后可以读取一个 obj 的属性，但不能改写属性。

匿名类型的存在让人疑惑，似乎和强类型语言的设计思路背道而驰。其实它存在的意义在于查询表达式的 SELECT 语句中，返回一个属性子集。这一点在数据库的操作中尤为明显。例如一张表中存储了全班学生的学号、姓名、操作系统成绩、计算机网络成绩、软件工程成绩、绩点等信息。现在使用者想了解全班同学的操作系统成绩，那么其他科目的成绩就不再需要显示了，只需提供一个包含学号、姓名和操作系统成绩的视图给使用者即可。这就是一个属性子集，SELECT 语句获取的属性只有 3 个，即 Id、Name、osScore，具体的表达将在第 17 章中讲解。可以确定的是，用户无须为这 3 个属性再新建一个类并一一赋值，匿名类型的存在让获取一个对象的属性子集变得更加方便。

用户在使用匿名类型的时候还需要注意以下两点：

匿名类型只能包含属性，不能包含方法。

编译器会为匿名类型创建一个 ToString()方法，便于直接输出对象的值：

```
var obj = new { Name = "John", Id = 100 };
Console.WriteLine(obj);                    //输出{Name = "John" ,Id = 100 }
```

15.2.2　类型的推断

在匿名类型的声明中除了属性的声明外，还有一个重要的角色——var。我们的实例都是用 var 声明的。var 声明的变量有以下特点：只能用于局部变量的声明，不能作为参数；变量必须在声明时进行初始化；根据初始化的表达式，该变量的具体类型会根据表达式进行推断。

例如用 var 做以下 3 个声明：

```
var obj = new { Width = 100,Height = 50 };
```

编译器会根据声明的属性进行推断，发现没有符合该属性排列的已声明类，于是推断为匿名类型，相当于??? obj=…。

```
var dict = new Dictionary< string, int >();
```

推断为已声明的类 Dictionary。相当于“Dictionary < string, int > dict = new Dictionary<string,int>();”。

从理论上讲，以下声明也是合法的：

```
var x = 3;
var s = "John";
```

编译器会识别出 x 为 int 类型、s 为 string 类型。但是这样做没有封装字段，只是为了声明方便，并不建议这样做。

15.3 动态类型

15.3.1 动态类型的使用

匿名类型可以方便地创建新的实例，哪怕并不存在这个类。在 C# 4.0 中再一次放宽了类型的限制，**动态类型**(dynamic typing)可以声明各种类型的变量，在执行时会根据变量的实际类型进行动态绑定，选择相关的方法。dynamic 和 object 不同，object 是所有类型的基类，虽然可以代表所有类型，但它确实是实际存在的类型。而 dynamic 不同，除非到了执行时，否则无法知晓它具体是哪种类型。dynamic 和 var 也不同，虽然 var 声明的变量可以进行任意赋值，但是编译器可以根据推断和创建匿名类型知晓它的真正类型。

例如创建了一个动态类型的变量 d：

```
dynamic d;
d 可以被赋予任何类型的值：
d = 5;
d = 'x';
d = true;
d = "Hello";
d = new Person();
```

其中，对于值类型的赋值要发生装箱。

d 可以赋给具体类型的值，在运行时会有隐式的转换检查：

```
int i    = d;
char c   = d;
bool b   = d;
string s   = d;
Person p   = d;
```

动态类型的变量可以使用句柄执行操作，但是在运行时会进行检查，检查变量的实际类型是否支持这些操作：

```
d. Foo(3);
```

这时一条方法调用，执行时会检查当前类型是否有方法 Foo，并且会检查 Foo 方法的参数是否为 int 类型。

```
d. P = d.P + 1;
```

这里使用了 d 的属性,执行时会检查当前类型是否有属性 P,并且属性 P 是否支持这样的修改与获取。

```
d[5] = d[3];
```

这里使用了索引,在执行时会检查当前类型是否有索引器,以及这样的使用是否合法。

可以看到,动态类型的使用伴随着执行时细致的检查,这导致了巨大的开销。动态操作的开销是静态类型操作的 5～10 倍。

15.3.2 动态类型的重载

重载是同样的方法逻辑适用于不同的参数的解决方案。既然动态类型可以承载任何类型,在调用方法时也会进行执行时的动态类型检查,因此方法重载可以支持动态类型。例如对 Foo 方法进行重载:

```
void Foo(string s) {…}
void Foo(int i) {…}
```

这样 Foo 方法可以适应 string 类型的参数和 int 类型的参数。我们对动态类型变量赋值就可以根据其实际类型选择合适的方法版本进行调用:

```
dynamic val = "abc";
Foo(val);                                  //调用 Foo(string s)
dynamic value = 3;
Foo(value);                                //调用 Foo(int i)
```

动态类型存在的意义在于:相对于泛型约束的限制,能够为开发带来更大的灵活性,并且能够精简代码。

小　结

本章主要介绍了泛型的声明、创建与使用,类似于模板类。这样我们设计的泛型可以很好地适用于多种数据类型,在编写代码时也能规避重复的工作,具体的使用方法如下。

泛型类的声明:

```
class 类名<占位符 1 , …>
{
    private 占位符 1   字段名称;
    public 返回类型   方法名(占位符 1 x) {…}
}
```

泛型类实例的创建:

```
类名<实际类型> a = new 类名<实际类型>{…};
```

泛型类的约束:

```
class 类名<占位符 1, 占位符 2 > where 占位符 1 : 接口名或类名
{
```

```
    ...
}
```

匿名类型变量的声明：

```
var 变量名 = new { 属性名 1 = …, 属性名 2 = … };
```

动态类型的声明：

```
dynamic 变量名 = …
```

习　题

习题 15-1　试说明泛型、匿名类型和动态类型的区别与联系。

习题 15-2　编程实现：使用泛型定义一个队列类 Queue，使其能够容纳大部分类型的数据。约束是任何类型必须实现 IComparable 接口以便比较大小。

字段为数组 item。

设计构造器，对 item 数组默认赋值。

设计方法 EnQueue，参数为一个元素，实现将该参数添加至 item 数组的末尾。

设计方法 DeQueue，实现返回 item 数组中的第一个元素。

设计方法 sort，使用快速排序算法对数组当前的所有元素进行由小到大的排列。

第16章　使用 ADO.NET 连接数据库

本书在之前的章节着重介绍了如何运用 C# 进行基本编程的语法知识，以及 C# 的一些相对高级的语言特性，接下来将会介绍 C# 的实际使用方面的知识以及一些常见问题，在每一章中都会对进行 C# 项目开发必然面临的一些问题进行细致的讨论，并且会用实际操作步骤进行举例教学。

在之前的章节也有过一些小程序的举例，但随着知识的深入，读者会发现逐渐接触到了一些相对复杂的程序，其特点之一就是需要存储数据。比如要开发一个学校课表管理系统，我们不希望今天确定的课表在关掉程序后就删除了，而希望永久储存，所以需要引入"数据库"这种工具。

在本章中先介绍一些数据库和数据库工具的入门知识，以方便没有什么数据库基础的读者进行学习，再介绍 C# 中访问数据库的工具——ADO.NET。

16.1　数据库基础

由于篇幅所限，在这里不进行数据库原理的详细介绍，只介绍如何使用简单的数据库。

首先应该了解几个数据库的基本概念。

- CataLog(类)：又叫数据库(DataBase)、表空间(TableSpace)，不同类的数据应该放到不同的数据库中。
- Table(表)：不同类型的资料放到不同的"格子"中，将这种区域称为"表"，不同的表根据放的数据不同进行空间的优化，找起来也方便。
- 列(Column)、字段(Field)。

一般数据库中都包含若干个表，每个表中都有几个字段作为基本元素。

其中在程序中操作的基本单位就是表，可以将想要存放的数据放到表中。比如想要记录一所学校中学生的基本信息，可以建立一个学生表，将学生的每一类信息作为表中的基本字段。比如可以将学生的性别、年龄、学号作为表中的字段存储在数据库之中。所谓数据库就是由一个一个的表组成来存储一些事物的信息。

在每个表中都有一个特殊的字段，称之为"主键"，它有点像我们的身份证号，有以下特点：

(1) 主键就是数据行的唯一标识，不会重复的列才能当主键，一个表可以没有主键，但是会非常难以处理，因此如果没有特殊理由表都会设定主键。

(2) 主键有两种选用策略，即业务主键和逻辑主键。业务主键是使用有业务意义的字段做主键，比如身份证号、银行账号等。逻辑主键是使用没有任何业务意义的字段做主键，因为很难保证业务主键不会重复(身份证号重复)、不会变化(账号升位)。通常推荐用逻辑主键。

由此可见,主键是用户辨别表中的每一个元素的唯一标识。在明白了数据库的基本概念之后,我们来关注在C#开发中常用的SQL Server工具,包括怎样在这款软件中进行最为简单的数据库管理。

SQL Server有两种验证方式,即用户名验证和Windows验证,在一般开发时用Windows验证就足够了。其中SQL Server的数据类型与很多编程语言的极为相似,但有一点需要注意,就是varchar是长度可变的字符串,而char是固定长度的,不足的会自动用空格补齐。

进入软件以后用户可以用两种操作选择,可以使用图形界面完成创建表的操作,也可以用SQL语句进行操作。接下来着重介绍一些简单的SQL语句的使用。

用户可以把SQL分为两个部分,即数据操作语言(DML)和数据定义语言(DDL)。

SQL(结构化查询语言)是用于执行查询的语法,但是SQL语言也包含用于更新、插入和删除记录的语法。

查询和更新指令构成了SQL的DML部分。

• SELECT:从数据库表中获取数据。

语法:

```
SELECT 列名称 FROM 表名称
```

• UPDATE:更新数据库表中的数据。

语法:

```
UPDATE 表名称 SET 列名称 = 新值 WHERE 列名称 = 某值
```

• DELETE:从数据库表中删除数据。

语法:

```
DELETE FROM 表名称 WHERE 列名称 = 值
```

• INSERT INTO:向数据库表中插入数据。

语法:

```
INSERT INTO 表名称 VALUES (值 1,值 2, … )
INSERT INTO table_name (列 1,列 2, … ) VALUES (值 1,值 2, … )
```

第2列指定所要插入数据的行。

SQL的数据定义语言(DDL)部分使用户可以创建或删除表格,也可以定义索引(键)、规定表之间的链接,以及施加表间的约束。

SQL中最重要的DDL语句如下。

• CREATE DATABASE:创建新数据库。

语法:

```
CREATE DATABASE database_name
```

• ALTER DATABASE:修改数据库。

如果要在表中添加列，请使用下列语法：

```
ALTER TABLE table_name
ADD column_name datatype
```

如果要删除表中的列，请使用下列语法：

```
ALTER TABLE table_name
DROP COLUMN column_name
```

如果要改变表中列的数据类型，请使用下列语法：

```
ALTER TABLE table_name
ALTER COLUMN column_name datatype
```

- CREATE TABLE：创建新表。

语法：

```
CREATE TABLE 表名称
(
列名称 1 数据类型,
列名称 2 数据类型,
列名称 3 数据类型,
…
)
```

- DROP TABLE：删除表。

语法：

```
DROP INDEX table_name.index_name
```

- CREATE INDEX：创建索引(搜索键)。
- DROP INDEX：删除索引。

对于索引的相关知识暂时不需要使用，所以在这里就不介绍了。下一节将演示在 SQL Server 中如何用图形界面创建一个表。

16.2 使用 SQL Server 2014

在本节中将详细演示如何用 SQL Server 创建一个数据库，并在数据库中创建一个储存学生信息的表。

首先打开 SQL Server 2014，出现如图 16-1 所示的界面。

选择以 Windows 身份验证模式登录，登录成功后出现如图 16-2 所示的界面。

打开左边列表中的数据库选项，由于我们通常需要新建一个数据库，所以右击数据库选项，选择“新建”命令创建数据库，如图 16-3 所示。

改变数据库的名称等信息，然后单击“确定”按钮即可创建完成。在这里用 Text 命名数据库，如图 16-4 所示。

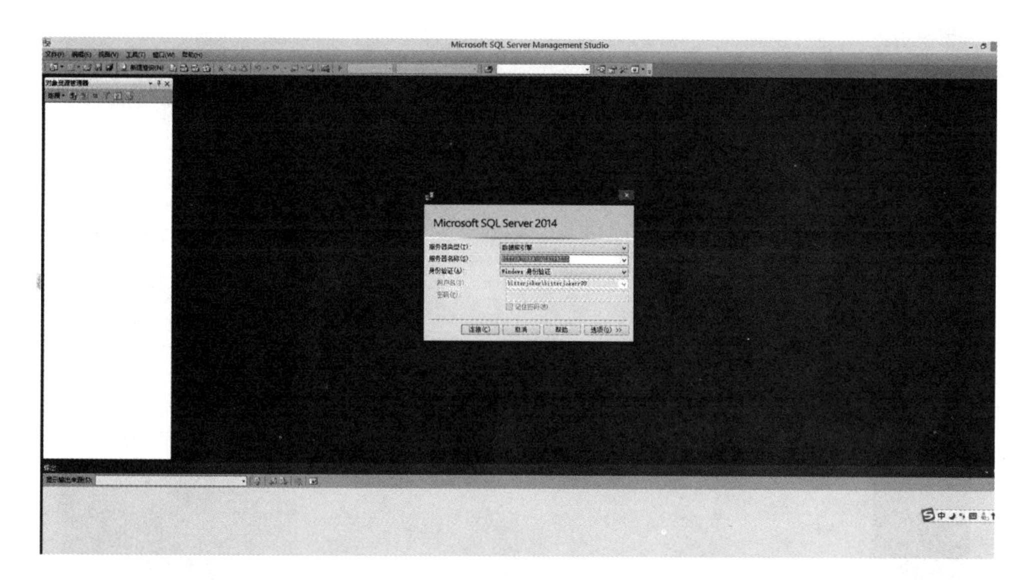

图 16-1　SQL Server 登录界面

图 16-2　登录成功

接下来要创建一个表，右击表选项，选择其中的表，此时会弹出一张空白的表，如图 16-5 所示。

对表进行一些编辑，比如加上学号、姓名、年龄几个字段，并将学号设为主键，结果如图 16-6 所示。

到这里一个简单的学生表就在 SQL Server 中创建完成了，本书是用图形界面创建，读者也可以尝试用 SQL 语句进行数据库和表的创建。

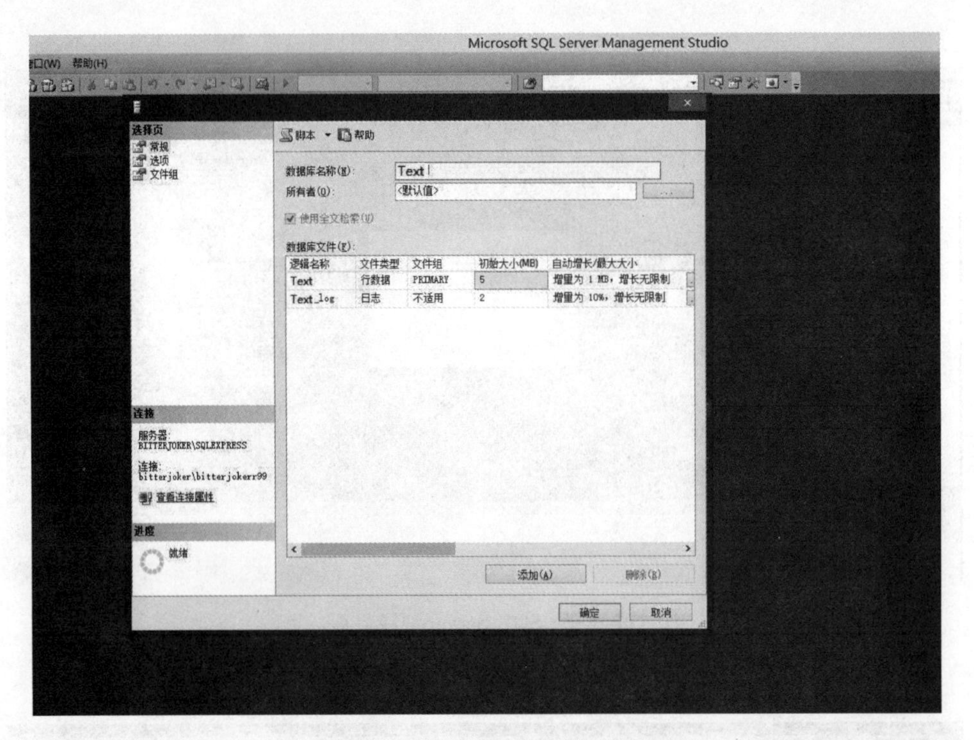

图 16-3　创建数据库

图 16-4　创建完成

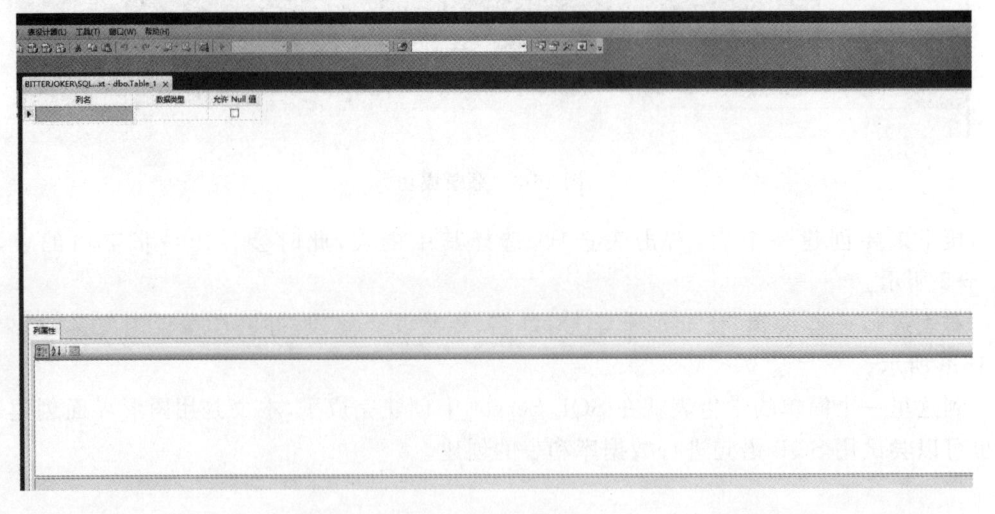

图 16-5　创建表

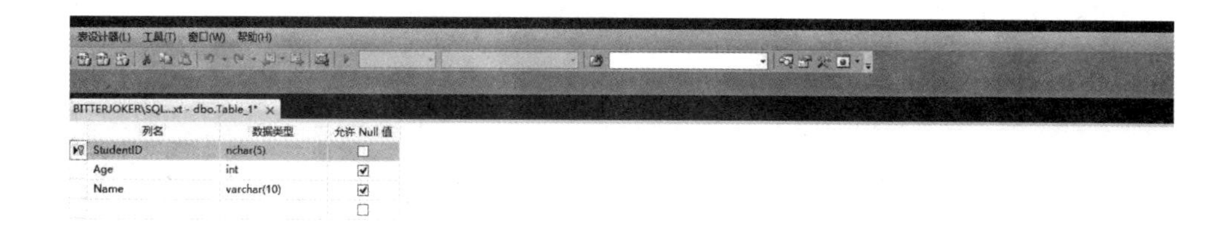

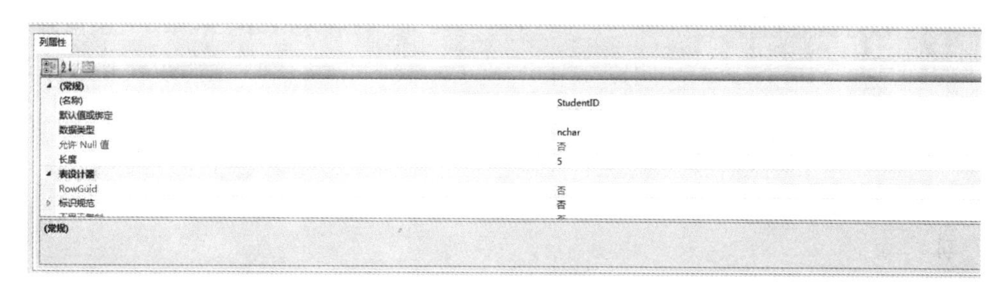

图 16-6　学生表创建完成

16.3　ADO.NET 连接数据库

ADO.NET 是改进的 ADO 数据访问模型，用于开发可扩展应用程序。它是专门为可伸缩性、无状态和 XML 核心的 Web 设计的。

它主要有下面 5 种对象。

- Connections：用于连接和管理针对数据库的事务。
- Commands：用于发出针对数据库的 SQL 指令。
- DataReaders：用于从 SQL Server 数据源读取只进流的数据记录。
- DataSets：用于针对结构型数据、XML 数据和关系型数据的存储、远程处理和编程。
- DataAdapters：用于推送数据到 DataSet，并针对数据库协调数据。

读者首先要了解 ADO.NET 中的一个重要对象——Connections，Connections 用于和数据库“沟通”，并且被声明为特定的提供程序级别，例如 SqlConnection。Commands 扫描连接然后结果集以流的形式被返回，这种流可以被 DataReader 对象读取，或者推入 DataSet 对象。

下面的例子演示了如何创建一个连接对象。Connections 可以通过调用 Open 方法被显式打开：

```
SqlConnection connection = new SqlConnection(connectionString);
connection.Open();
```

Commands 包含提交到数据库的信息，特定于提供程序的类，比如 SqlCommand。一个命令可以是一个存储过程调用、一个 UPDATE 语句，或者一个返回结果的语句。用户也可以使用输入和输出参数返回值作为命令的一部分。下面的示例演示了如何运用 Command

语句和 SqlReader 语句对 Text 数据库执行一条 INSERT 语句。

```
private static void ReadOrderData(string connectionString)
{
    string queryString =
        "SELECT StudentID, Name FROM dbo.Students;";
    SqlConnection connection = new SqlConnection(connectionString)

        SqlCommand command = new SqlCommand(
            queryString, connection);
        connection.Open();
        SqlDataReader reader = command.ExecuteReader();

            while (reader.Read())
            {
                Console.WriteLine(String.Format("{0}, {1}",
                reader[0], reader[1]));
            }

        reader.Close();

}
```

上面的示例创建一个 SqlConnection、一个 SqlCommand 和一个 SqlDataReader。该示例读取所有数据,并将其写到控制台。最后,示例在退出 Using 代码块时先后关闭 SqlDataReader 和 SqlConnection。

但这种方式很麻烦,比较常用的是使用 DataAdapter。

DataAdapter 对象作为 DataSet 和数据源之间的"桥梁",当使用 SQL Server 数据库时利用特定的提供程序 SqlDataAdapter(和它相关的 SqlCommand 与 SqlConnection)可以提高整体的性能。

同时 DataAdapter 对象使用命令在 DataSet 完成变动后更新数据源。使用 DataAdapter 的 Fill 方法调用 SELECT 命令;使用 Update 方法对每个更改行调用 INSERT、UPDATE 或者 DELETE 命令。

下面的示例使用 SqlCommand、SqlDataAdapter 和 SqlConnection 从数据库中选择记录,并用选定的行填充 DataSet,然后返回已填充的 DataSet。为完成此任务,向该方法传递一个已初始化的 DataSet、一个连接字符串和一个查询字符串。

```
private static DataSet SelectRows(DataSet dataset,
    string connectionString,string queryString)
{
    SqlConnection connection =
        new SqlConnection(connectionString)

        SqlDataAdapter adapter = new SqlDataAdapter();
        adapter.SelectCommand = new SqlCommand(
            queryString, connection);
        adapter.Fill(dataset);
```

```
        return dataset;

    }
```

下面用一个实例来演示如何将 Visual Studio 连接数据库，并且编写一个可以访问之前在 SQL Server 中已经创建好的数据库表。

首先应该做好连接数据库的准备，开启 SQL 的相关服务。按图 16-7 所示打开系统运行界面。

图 16-7　运行界面

输入 services. msc，打开如图 16-8 所示的界面。

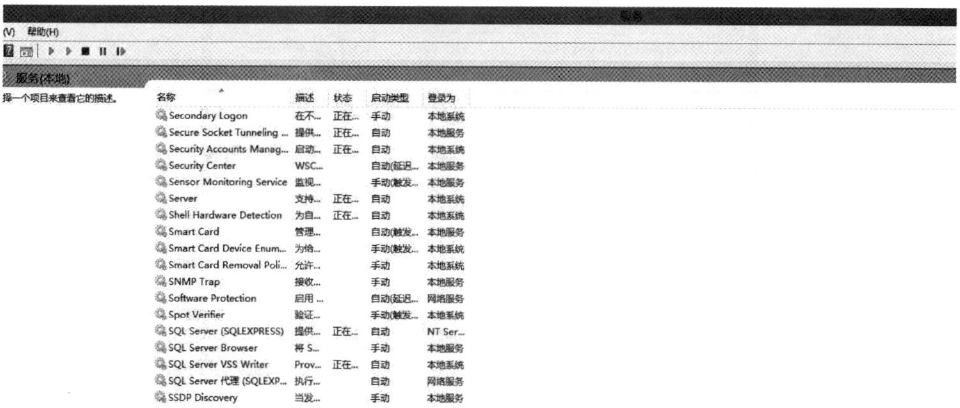

图 16-8　系统服务界面

在系统服务界面中需要将 SQL 的相关服务都打开，如图 16-8 所示，其中 SQL Server (SQLEXPRESS)最为重要，如果需要用 Viusal Studio 打开数据库，这个服务项必不可少。将其打开后可以打开 Visual Studio。

如图 16-9 所示，在“工具”菜单中选择“连接到数据库”命令。

如图 16-10 所示，选择在 SQL Server 中选择的服务器，VS 会自动根据用户指定的服务器搜索相应的数据库序列。在这里可以选择刚刚创建的数据库 Text。

如图 16-11 所示，当数据库连接成功以后，在 VS 的服务器资源管理器中会出现数据库的图标。

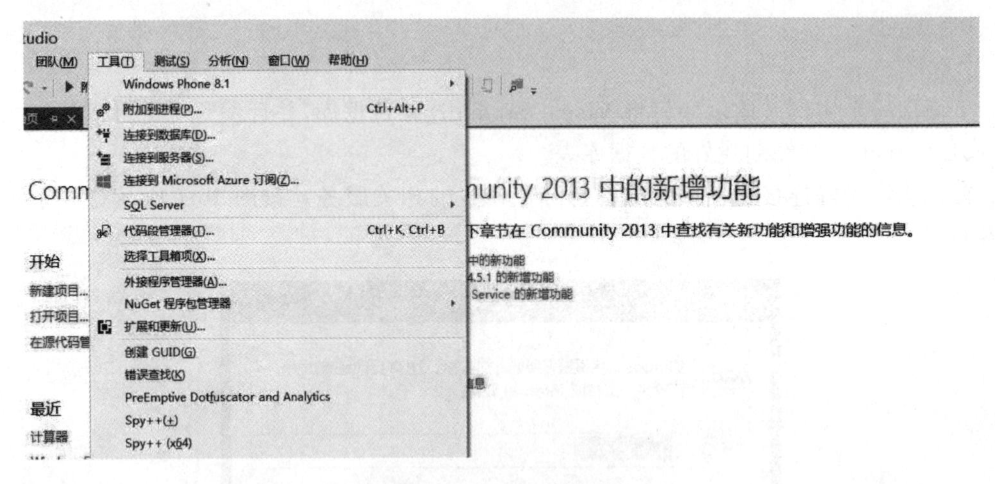

图 16-9　连接到数据库

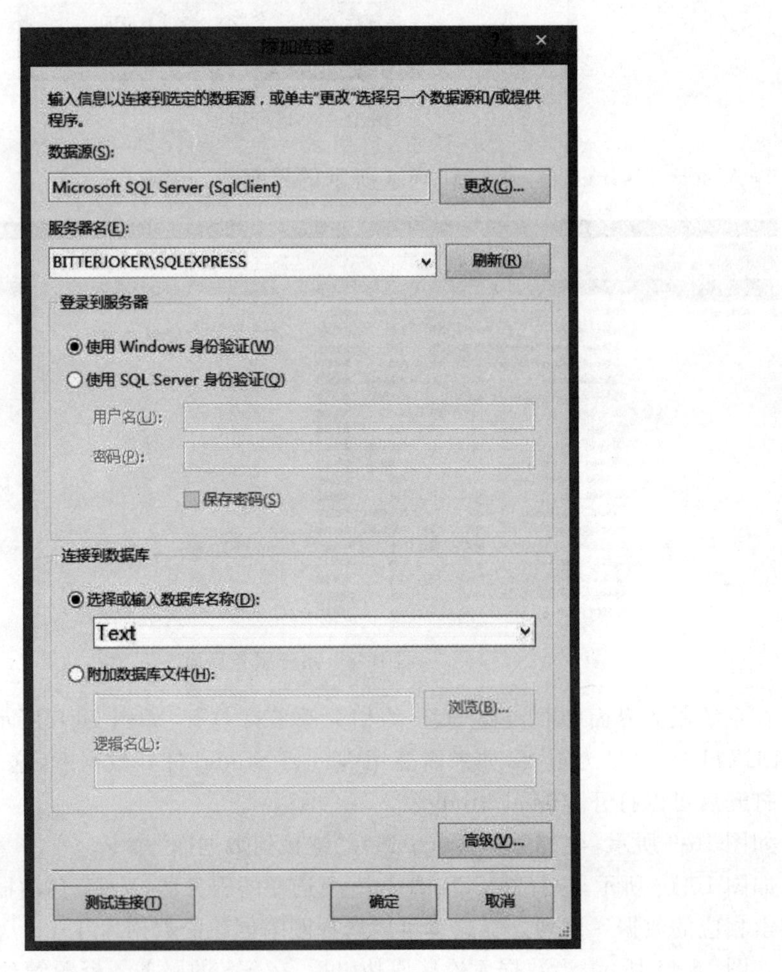

图 16-10　选择数据库

图 16-11　连接成功

同样，在 VS 中也可以不通过代码直接对数据库的数据进行查询：

如图 16-12 所示，在 Student 表中有一组数据。在查看数据后需要新创建一个控制台程序。

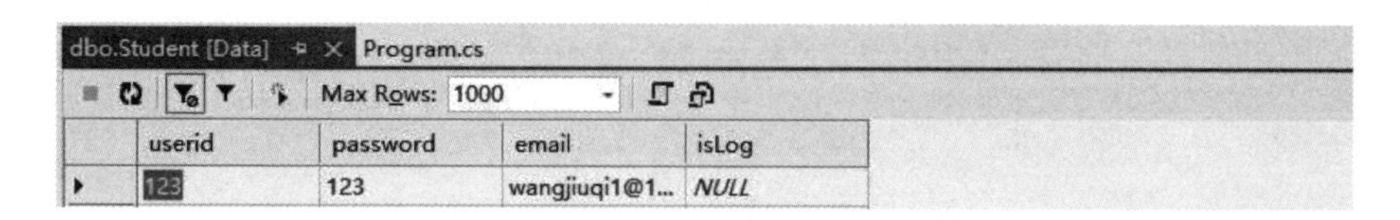

userid	password	email	isLog
123	123	wangjiuqi1@1...	NULL

图 16-12　表数据

在创建好控制台程序以后需要在项目中单独创建一个 ADO. NET 的数据库项，如图 16-13 所示，右击项目即可新创建一个 ADO. NET 数据库项。

如图 16-14 所示，数据库项创建成功以后会生成相应的模型。

这时候可以正式开始编码，编码的过程很简单。

如图 16-15 所示，该图中代码的作用是读取数据库中的 Student 表的数据。输出结果如下：

```
123
123
wangjiuqi1@163.com
```

在本例中只演示了最基本的 read 指令，还有很多 ADO. NET 语句未在本例中展示，但相信读者经过 16.1 节的学习自己可以编写其他语句的功能。希望读者能够对其他功能进行试验。

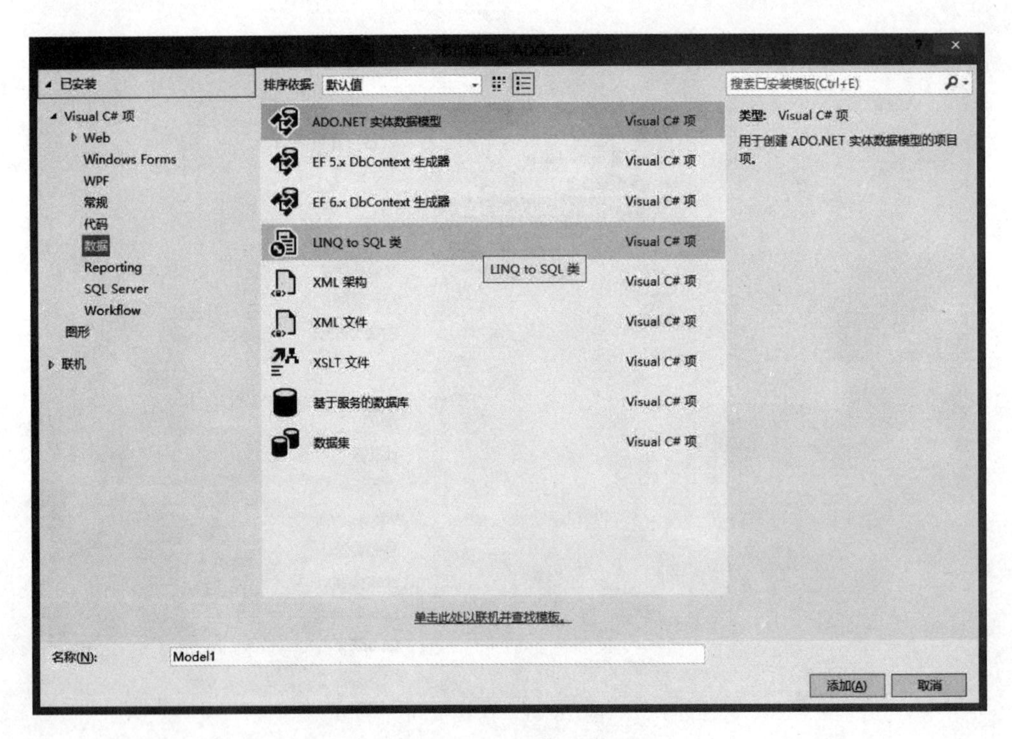

图 16-13　创建数据库项

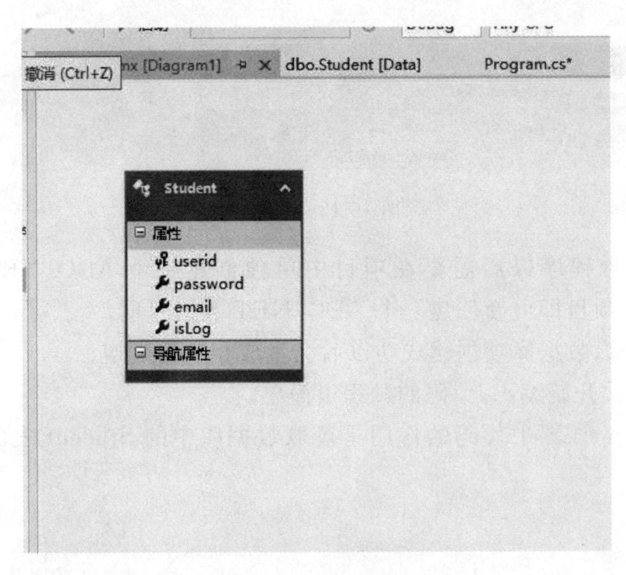

图 16-14　数据库项

```
using System.Text;
using System.Threading.Tasks;
using System.Data;
using System.Data.SqlClient;

namespace ADOnet
{
    class Program
    {
        static void Main(string[] args)
        {
            string constring ="Data Source=BITTERJOKER\\SQLEXPRESS;Initial Catalog=c#;Integrated Security=True";
            SqlConnection conn = new SqlConnection(constring);
            SqlCommand cmd = conn.CreateCommand();
            cmd.CommandText = "select from Student where userid= 123 ";
            conn.Open();

            SqlDataReader dr = cmd.ExecuteReader();
             while(dr.Read())
             {
                 System.Console.WriteLine(dr[0] +" "+ dr[1] +" "+ dr[2]);
             }
        }
    }
}
```

图 16-15　访问数据库的代码

小　　结

在本章中首先对数据库的基本知识进行了介绍,之后详细介绍了 SQL Server 的基本使用方法,最后介绍了 ADO. NET 这种连接数据库的方式。

习　　题

习题 16-1　如果想改变数据库表中字段的数据类型,应该用哪个数据库指令?

习题 16-2　如果想要删除一个现有表,应该用哪个 SQL 指令?

习题 16-3　现在有一个数据库中的表需要建立,这是一个公司员工表,里面包括工号、年龄、性别、工作部门等字段,其中工号是主键,请写出相应的 SQL 语句。

第 17 章　LINQ to SQL 入门

在学习完 ADO. NET 之后将介绍一种更为简洁的数据库查询方式——LINQ to SQL。使用 LINQ to SQL 可以更为方便地查询数据库，并且在建立与数据库的连接时也更为方便。

17.1　语言集成查询

LINQ(Language Integrated Query)的中文含义是语言集成查询，可以将其理解成一种集成查询语言，使用 LINQ 可以编写查询表达式，从而从数据源中获取信息。它的好处在于对从应用程序代码中查询数据的机制进行了抽象。用户只需要编写数据查询的高级描述，不用关心它的内部格式。这与 SQL 语句的原理类似，用户只需要编写 SQL 语句，告知获取什么数据，而对具体的数据查询不用关心，这些都会由数据库管理系统自己控制，这样当数据库版本更新时编写的 SQL 语句无须随之变更。LINQ 的原理也是这样，但和 SQL 相比，它能够处理更多类型的数据结构。

LINQ 包含 3 个部分，其中 LINQ to Objects 主要负责对象的查询，LINQ to XML 主要负责 XML 的查询，LINQ to ADO. NET 主要负责数据库的查询。另外，LINQ to ADO. NET 还可以细分为 LINQ to SQL、LINQ to DataSet、LINQ to Entities。

除了 C#、Visual Basic 语言同样可以使用 LINQ。使用基于 LINQ 的查询语句可以方便地访问对象、关系型数据库和 XML。其使用范围如图 17-1 所示。

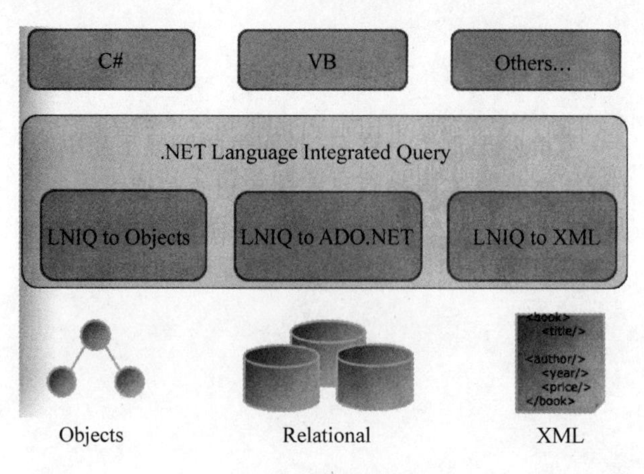

图 17-1　LINQ 的使用范围

17.2 使用 LINQ 查询

17.2.1 LINQ 查询的好处

假设有一整型数组 numbers：

```
int[] numbers = new int[] { 2, 0, 1, 5, 6, 4 };
```

现在要计算 numbers 数组中所有偶数的平方，并将结果降序排列存入一个 List 中。如果不使用 LINQ，实现的方式可能是这样的：

```
List<int> even = new List<int>();
foreach (int x in numbers)
{
    if (x % 2 == 0)
    {
        even.Add(x * x);
    }
}
even.Sort();
even.Reverse();
```

首先遍历整个数组，对于偶数，将其平方写入 even 中，之后使用 sort 对 even 进行排序。由于 sort 排序后的结果是由小到大的，因此还需要使用 Reverse 方法将序列变成降序。

如果使用 LINQ，其实现的方式是这样的：

```
var even = numbers.Where(x => x % 2 == 0)
    .Select(x => x * x)
    .OrderByDescending(x => x);
```

这里的 x => x%2==0、x=>x * x 等表达式都是 Lamda 表达式。Where、Select 等关键字的含义与 SQL 语句中关键字的含义类似。Where 是满足某种条件的限制，而 Select 是所要挑选的数据，OrderByDescending 则是按照降序排列。这些关键字其实也是一种方法，代码虽短却完成了很多任务。例如 Select，它就是一种方法，只不过其参数也是一个方法，由 Lamda 表达式 x=>x * x 表示该匿名方法。由 Lamda 表达式的原理可知，这个匿名方法返回的是 x * x，它将作为 Select 方法的参数，达到的效果是获取到了相关数据 x 的平方。

由于要处理的数据是偶数，因此在 Where 方法中应该写入的匿名方法是 x=>x%2==0，表示一种限制，其效果是筛选出满足这一条件的对象。OrderByDescending 则是直接对数据进行排列，无须进行其他算术处理，匿名方法为 x=>x。

可以看到，使用 LINQ 进行数据查询大大减少了代码量，并且其思路与 SQL 语句的思路类似，可以借鉴。

17.2.2 LINQ 基本语法

前面了解了使用 LINQ 查询数据的好处，下面介绍具体的 LINQ 语法：

```
from 范围变量 in 数据源
```

```
[where 查询条件]
[orderby 项 ascending/descending]
select 项
```


其中，范围变量表示数据源中的每一项，与 foreach 语句的代表元素类似，可以任意命名。而数据源必须是实现了 IEnumerable 接口的对象，例如数组和集合。from … in 语句指定了所要处理的数据的范围，即数据源。

如果需要查询符合某些条件的元素，则需要使用 where 语句添加查询条件。查询条件一般是包含了范围变量的布尔表达式。

如果查询得到的数据需要进行排序，则使用 orderby 语句，其中的项也是范围变量及其内部属性。在默认情况下元素是按照升序(ascending)排列的，如果需要降序排列，则在项后面添加 descending。

select 语句是必须要写的，因为它指定了一种映射。用户必须指明所需要的可枚举集合中的字段，以限制可枚举集合中包含的行。例如要查询的数据源中的每一项包括姓名、学号、年龄、籍贯 4 条信息，如果只需要查询姓名这一个字段，则需要在 select 语句中进行指定。

例如，对于 17.2.1 节中声明的 numbers 数组，查询该数组中所有大于 4 的数字：

```
var result = from x in numbers
             where x > 4
             select x;
```

范围变量可以任意命名，在此命名为 x。数据源就是刚才定义的数组 numbers，我们的所有操作都是针对该数组的。查询任务中有一个条件，要求数字大于 4，因此需要添加 where 语句，查询条件就是 x>4。而所要的查询结果就是数字本身，因此在 select 语句中的项就是 x 本身。

刚才的例子只是针对整型数组进行查询，不存在字段的问题。下面来看一个更复杂的问题：建立一个 Employee(FirstName、LastName、Salary)类型的对象数组 employees，要选取工资在 4000 到 6000 的员工名，并按名升序排序。数据源变成了对象数组，而要查询条件和查询结果都是针对对象的某一字段而言的，这就需要使用“范围变量.字段名”表示操作某一字段了。代码如下：

```
var result = from e in employees
             where e.Salary >= 4000 && e.Salary <= 6000
             orderby e.FirstName
             select e.FirstName;
```

将范围变量命名为 e，那么获取工资的值就需要使用 e.Salary。限制条件是工资在 4000 到 6000，因此布尔表达式与 e.Salary 相关。这里要获取的是名字，因此 select 语句中所要指定的项为 e.FirstName。另外还要求按名字的升序排序，因此要写 orderby 语句，项也为 e.FirstName。由于默认就是升序排列，因此无须添加修饰符。

对于 LINQ 的查询结果，要求也是一个实现了 IEnumerable 接口的集合对象。一般都用 var，因为根据不同的需求 select 语句产生的映射千差万别，可能映射出的结果不是基本数据类型也不是某一种类，这时使用 var 创建一个匿名类进行存储再合适不过了。虽然有时映射结果可以用一种确定的数据类型表达(如查询数组 numbers 的结果),但使用 var 存储数据结果适用于所有情况。

既然查询结果支持 IEnumerable 接口,就可以使用 foreach 对查询结果进行迭代,对查询结果进行操作。例如输出查询结果:

```
IEnumerable<int> result = from x in numbers
                          where x > 4
                          select x;
foreach (int x in result)
    Console.WriteLine(x);
```

在本例中使用了 IEnumerable <类型>接受查询结果,是为了告知读者也可以使用这种方式,但一般情况下使用 var 类型获取查询结果即可。

17.2.3 LINQ to SQL 基础

LINQ to SQL 是 LINQ to ADO. NET 的一种,都隶属于 LINQ,因此刚才介绍的 LINQ 基本语法也适用于 LINQ to SQL。它的特殊之处在于数据源是数据库中的表。使用 LINQ to SQL 可以对数据库中的表进行增、删、改、查。在指定数据源之后 IDE 会为每个表创建一个类,称为 LINQ to SQL 类,类名与表名相同。所有的 LINQ to SQL 查询都是通过 DataContext 类完成的,它控制着程序与数据库之间的数据流。

下面的实例完整地讲解了使用 LINQ to SQL 操作数据库 SQL Server 2014 的过程。首先创建一个 Windows 窗体应用程序,如图 17-2 所示。

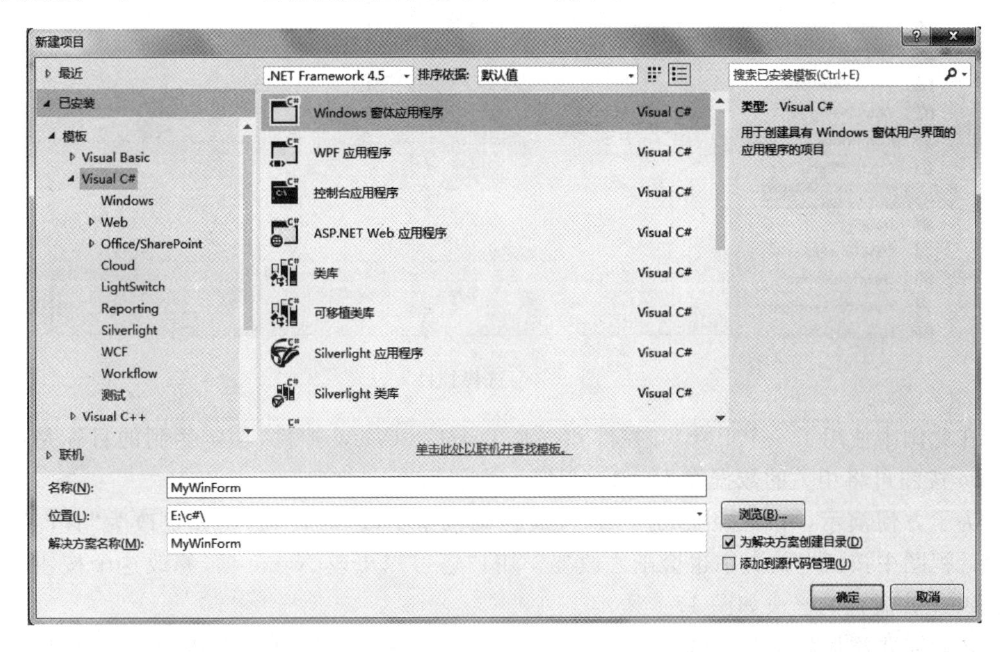

图 17-2 创建 Windows 窗体应用程序

得到的初始视图如图 17-3 所示。

用户可以选择"视图"中的"工具箱"命令打开工具箱,选择要使用的控件拖到 Form1 设计视图的合适位置,如图 17-4 所示。

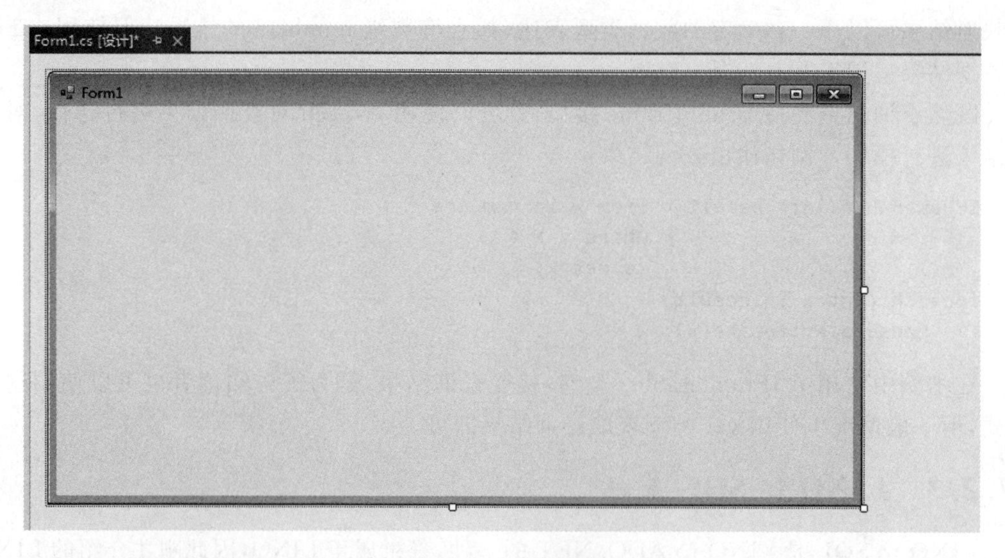

图 17-3　初始视图

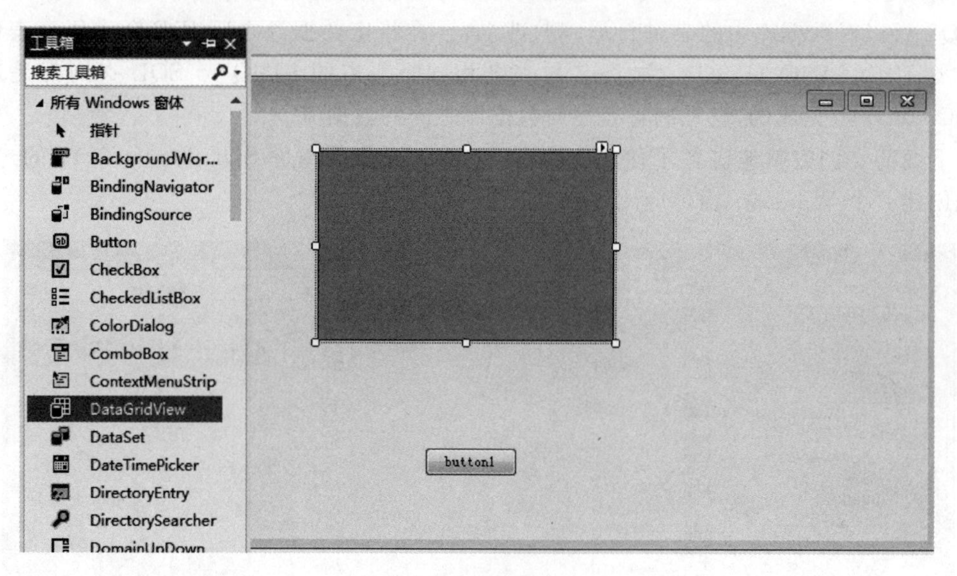

图 17-4　选择控件

在此例中使用了一个 Button 控件和一个 DataGridView 控件，预定达到的目标是单击 Button 按钮可将相关的数据在 DataGridView 中展示。

为了方便演示，可以选中 button1，在属性面板中更改 Text 项，例如更改为“查询”，那么设计视图中按钮上的文字也会随之改变。用户还可以更改 Name 项，修改这个按钮的名称。Button 属性的修改如图 17-5 所示。

之后需要添加数据源，可以在 SQL Server 中单独建一张表，填入几组数据，以供后续的处理。在 SQL Server 2014 中新建数据库，如图 17-6 所示。

创建完数据库后新建查询，写入建表语句，如图 17-7 所示。

图 17-5　修改 Button 属性

图 17-6　新建数据库

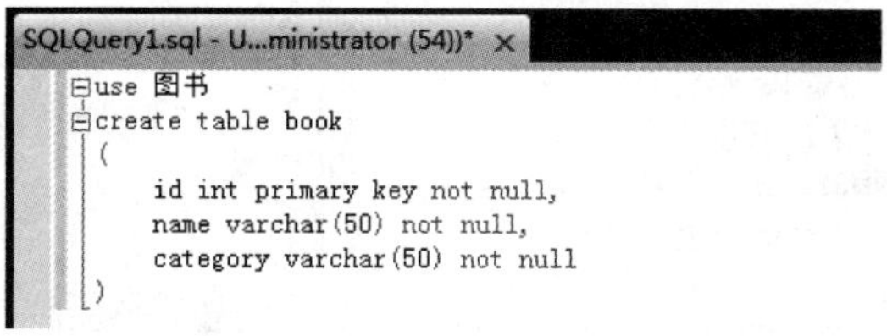

```
SQLQuery1.sql - U...ministrator (54))*
use 图书
create table book
(
    id int primary key not null,
    name varchar(50) not null,
    category varchar(50) not null
)
```

图 17-7　建表语句

单击执行，这样一个 book 表就建成了。它包含 3 条信息，id 是主键，用于存储书的 ID 号；name 用于存储书名；category 用于存储书的类别信息。完成建表后可以在对象资源管理器的图书数据库中找到新建的 book 表，如图 17-8 所示。

图 17-8 完成建表

右击，选择“编辑前 200 行”，就可以在表中写入数据了，如图 17-9 所示。

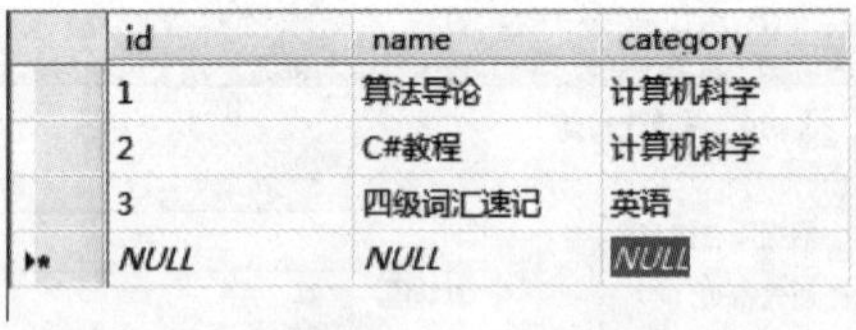

	id	name	category
	1	算法导论	计算机科学
	2	C#教程	计算机科学
	3	四级词汇速记	英语
▶*	NULL	NULL	NULL

图 17-9 输入数据

至此 book 表已经建成，并且填入了数据。用户可以回到 Visual Studio 2013 进行后续的操作，在解决方案资源管理器中右击，选择“添加”命令，如图 17-10 所示。

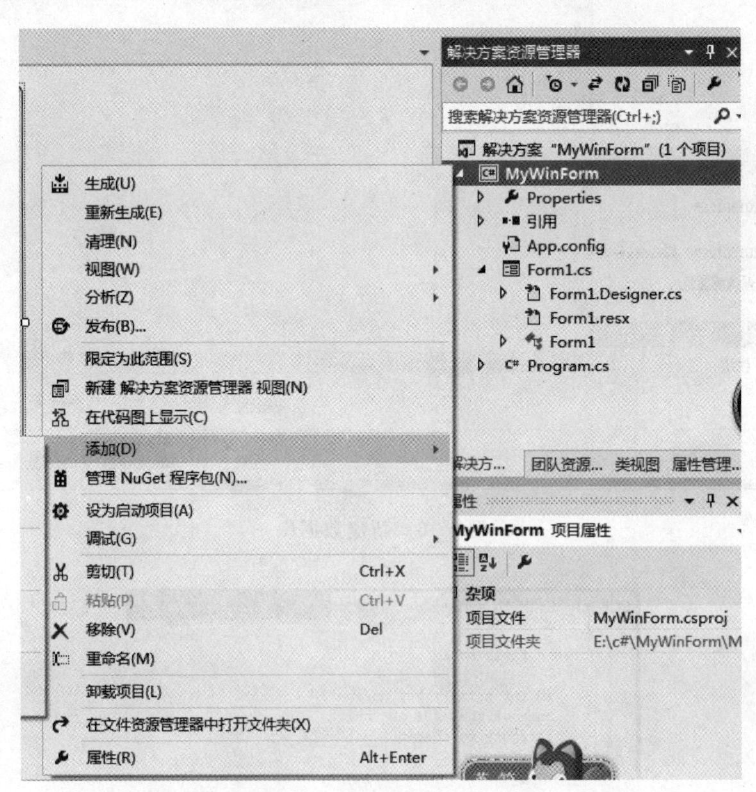

图 17-10 添加 LINQ to SQL 类

选择“新建”就进入了添加新项的页面，在此选择添加 LINQ to SQL 类，如图 17-11 所示。

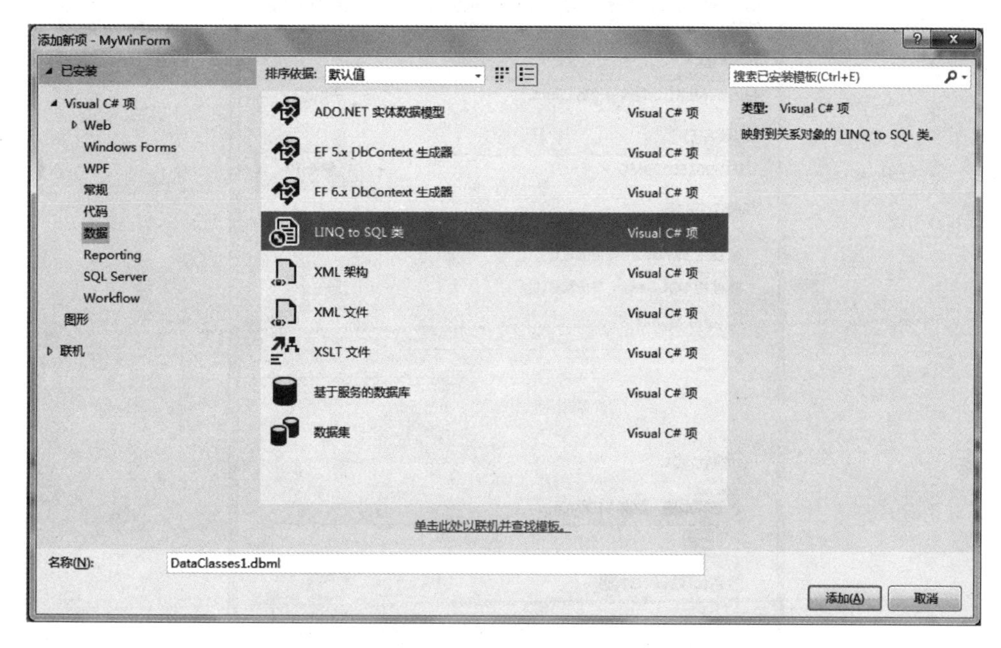

图 17-11　添加 LINQ to SQL 类

用户可以对名称进行更改，例如更改为 DataClassesOfBook。之后单击“添加”按钮，就完成了 LINQ to SQL 类的创建，如图 17-12 所示。

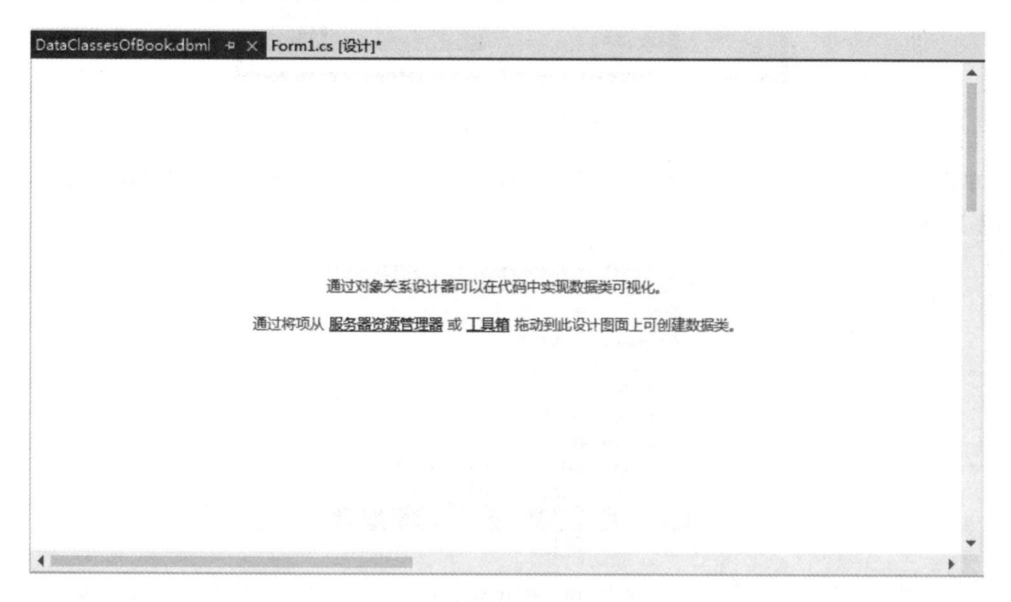

图 17-12　数据类可视化界面

这是一个数据类可视化界面，目前空空如也，需要将刚才完成的 book 表加入。具体做法是在服务器资源管理器中右击“数据连接”，在弹出的快捷菜单中选择“添加连接”命令，进入到添加连接界面，选择服务器名和数据库名称，如图 17-13 所示。

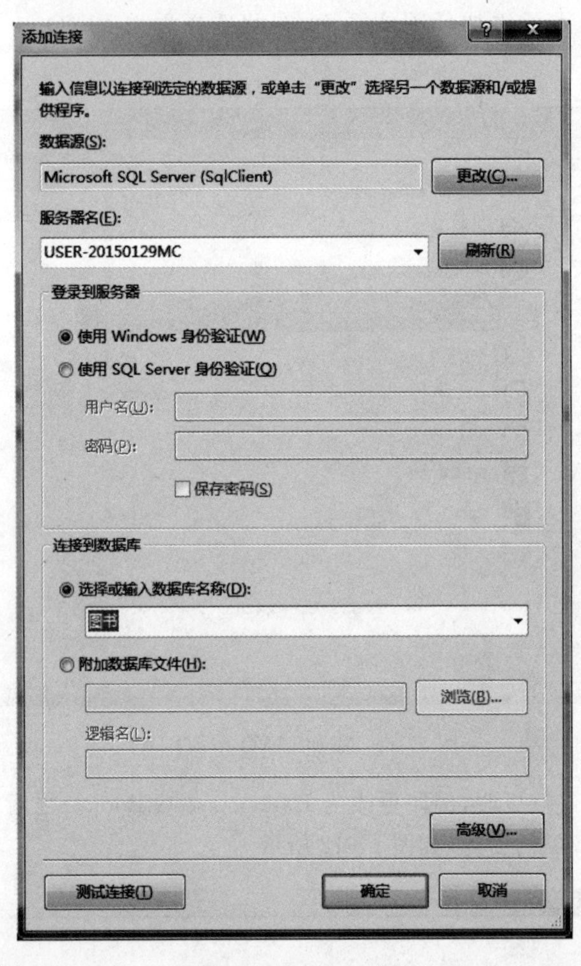

图 17-13　添加连接

单击"确定"按钮，之后就可以在服务器资源管理器中看到新建的 book 表了，如图 17-14 所示。

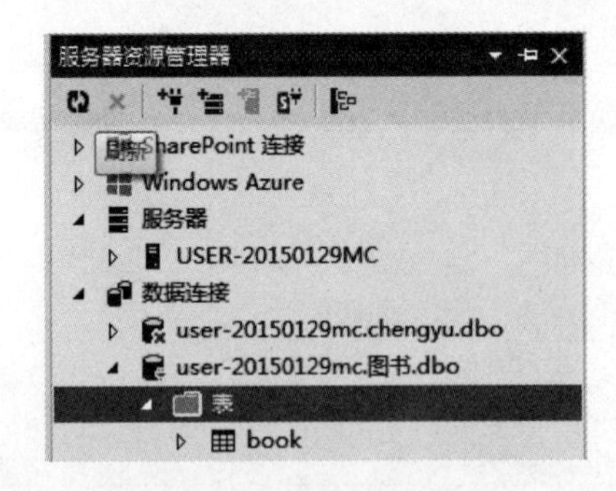

图 17-14　完成数据库连接

选中 book 表，将其拖到数据类可视化界面中，如图 17-15 所示。

完成以上步骤之后 IDE 会自动创建 LINQ to SQL 类和 DataContext 类，对于 DBMS 文件中的每一个类都将作为 DataContext 类的一个属性，代表一个数据表。例如将 LINQ

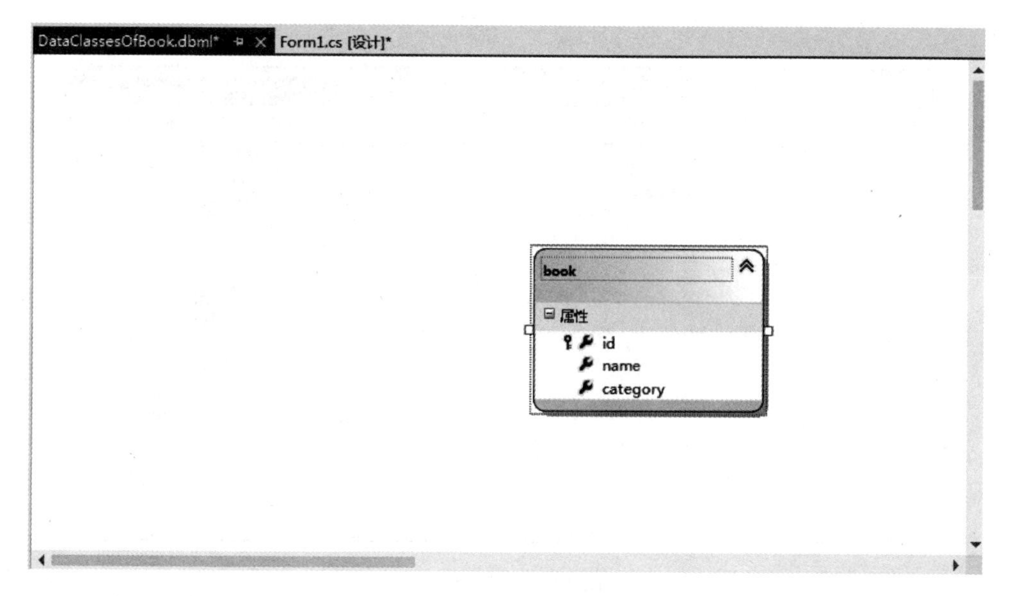

图 17-15　拖入可视化界面

to SQL 类命名为 DataClassesOfBook，那么会自动生成一个 DataClassesOfBook DataContext 类。

下一步就是完成事件的处理。由于要达到的目标效果是单击按钮将数据在 DataGridView 中显示，那么其中一个事件就是“按钮被单击”，一旦发生了这个事件，就需要进行响应，在 DataGridView 中显示 book 表中的所有数据。在 Form1 的设计视图中双击 button1 就进入了 Form1 的代码视图中，并且会自动生成一个 button1_Click 方法，这是响应鼠标单击事件的方法。在其中写入查询数据的代码：

```
private void button1_Click(object sender, EventArgs e)
{
    DataClassesOfBookDataContext bookDataContext = new DataClassesOfBookDataContext();
    var result = from s in bookDataContext.book
                 orderby s.id
                 select s;
}
```

首先创建了一个 DataContext 对象，之后在 LINQ 查询语句中将该对象中的相应数据表 book 作为待查询的数据源。至此，result 中存储了 book 表中所有的信息，且按照 id 的升序排列。首先确定 dataGridView1 的数据源，并为它的每一列命名。

```
private void button1_Click(object sender, EventArgs e)
{
    DataClassesOfBookDataContext bookDataContext = new DataClassesOfBookDataContext();
    var result = from s in bookDataContext.book
                 orderby s.id
                 select s;
    dataGridView1.DataSource = result.ToList();
    dataGridView1.Columns[0].HeaderText = "ID"; //每行的列名
    dataGridView1.Columns[1].HeaderText = "书名";
    dataGridView1.Columns[2].HeaderText = "类别";
}
```

这样就可以在 DataGridView 中获取查询结果了，单击“查询”按钮，结果如图 17-16

所示。

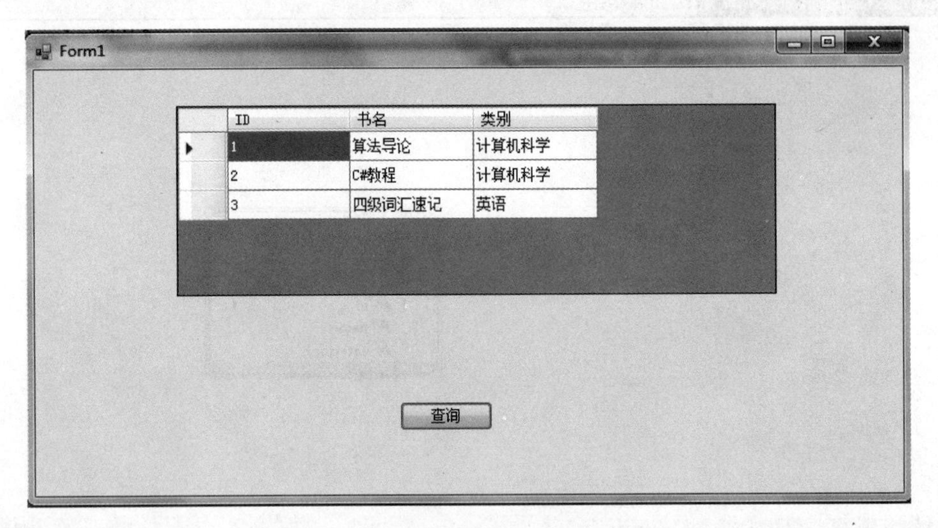

图 17-16　执行结果

17.3　实例——登录与注册

本节将使用 LINQ to SQL 实现 WinForm 上的登录与注册功能。首先创建一个 Windows 窗体应用程序,具体过程已经在 17.2.3 节中介绍。

首先来设计注册功能的页面,如图 17-17 所示。

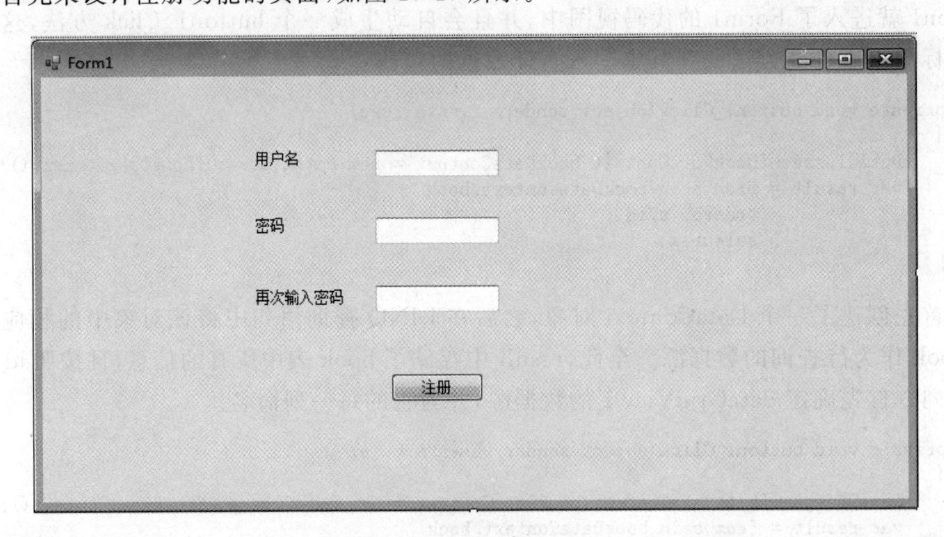

图 17-17　注册界面设计

拖入 3 个 Label 用于显示文字,又拖入 3 个 TextBox 用于用户输入、一个按钮用于注册。其中值得注意的是,密码的输入不能是明文,至少不能显示出来。由于要达到的效果是密码的输入为 ******,这就需要设置 TextBox 的 PasswordChar 属性,在其中填入"*",这样输入效果就是形如"******"的暗文了。在这里需要把两个 TextBox 的 PasswordChar

都做修改，如图 17-18 所示。

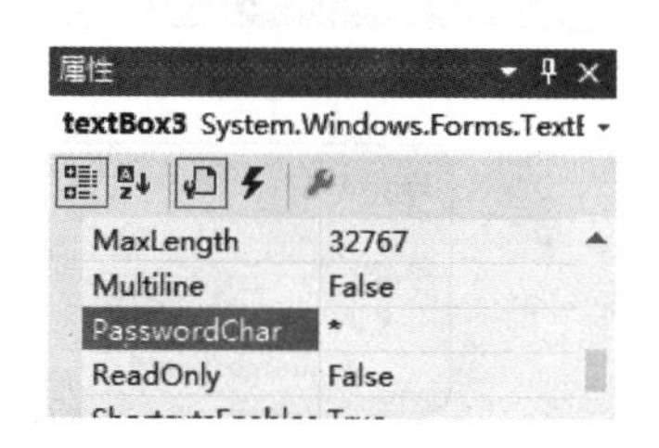

图 17-18　暗文显示密码

然后还要设计数据库。此例中数据库的设计可以十分简单，因为只需要注册和登录，最简单的情况是只存储用户名和密码两种信息。用户名不能重复，因此可以想到将用户名作为主键。具体的 SQL 语句如图 17-19 所示。

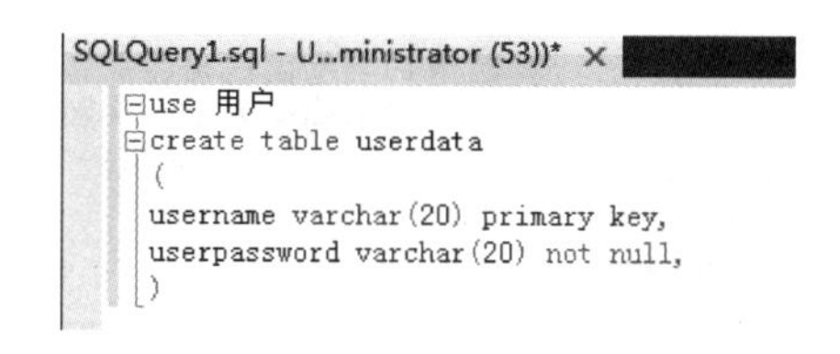

图 17-19　建表语句

完成建表后需要为应用新建一个 LINQ to SQL 类，命名为 DataUser，如图 17-20 所示。

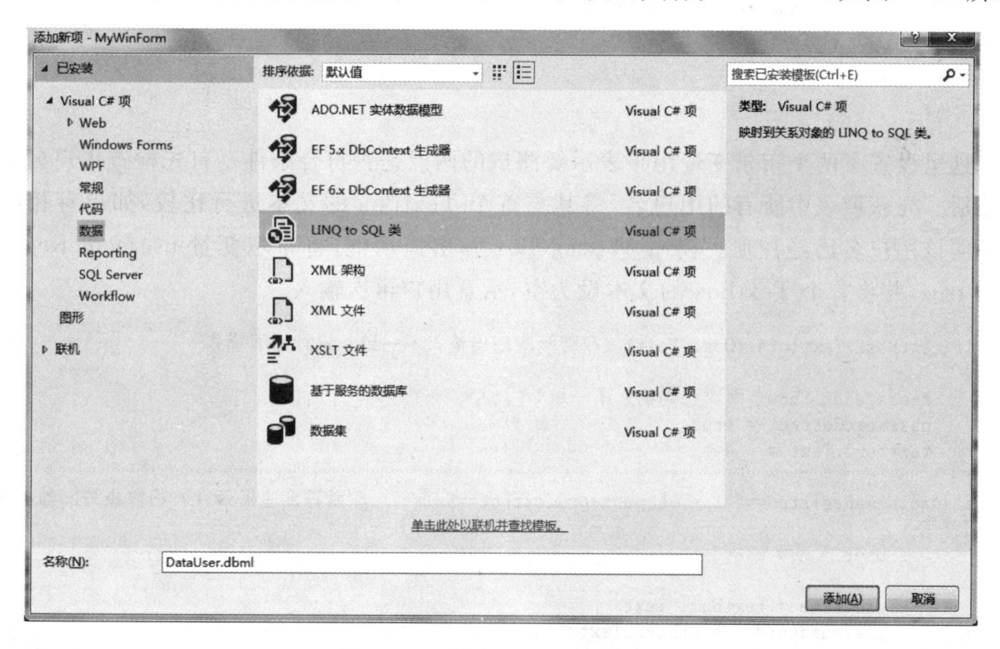

图 17-20　新建 LINQ to SQL 类

创建完成后就可以将在数据库中新建的表拖入 dbml 文件中，如图 17-21 所示。

到此为止，数据绑定已经完成，下面需要完成事件处理方法。注册界面的过程大致如下：用户在 3 个 TextBox 中依次输入用户名、密码、重复密码，单击“注册”按钮，完成注册。最重要的事件是“注册”按钮的单击，需要验证两点：用户名是否已经存在，两次输入的密码

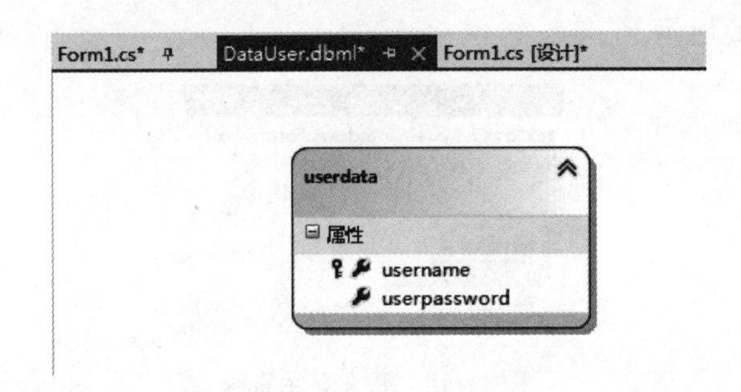

图 17-21　完成数据绑定

是否一致。如果两点都没有问题,那么将数据写入数据库,否则会弹出对话框提示。

```
private void button1_Click(object sender, EventArgs e)
{
    bool usernameRegisted = false; //判断用户名是否已被注册
    bool passwordCorrect = false;  //判断两次密码输入是否一致
    DataUserDataContext userctx = new DataUserDataContext();
    var result = from s in userctx.userdata
                 select s.username;
    foreach(var s in result)
    {
        if(s==textBox1.Text)   //若用户名已被注册，进行如下操作
        {
            MessageBox.Show("该用户名已被注册！");
            usernameRegisted = true;
            textBox1.Text = "";
            break;
        }
    }
```

这里设置了两个布尔变量用于表示要测试的两点是否符合条件。首先检查用户名是否被注册。先获取表中所有的用户名,将其与首个 TextBox 的文本进行比较,如果有相同的则证明该用户名已经注册。使用 MessageBox 弹出提示框,将布尔变量 usernameRegisted 设为 true,并将首个 TextBox 的文本设为空,示意用户再次输入。

```
if(textBox2.Text!=textBox3.Text)  //若两次密码输入不一致，进行如下操作
{
    MessageBox.Show("两次密码输入不一致！");
    passwordCorrect = true;
    textBox3.Text = "";
}
if(usernameRegisted==false && passwordCorrect==false)  //若符合注册条件，将数据写入数据库
{
    var user = new userdata
    {
        username = textBox1.Text,
        userpassword = textBox2.Text
    };
    userctx.userdata.InsertOnSubmit(user);
    userctx.SubmitChanges();
    MessageBox.Show("注册成功！");
}
```

继续判断两次密码输入是否一致,就是比较两个 TextBox 的文本是否相同,若不一致则进行相应的处理。如果两个布尔变量的值都为 false,则满足注册条件,可以将数据写入

数据库,代码如上文所示。新建一个 userdata 实例,将 TextBox 中的文本赋给两个字段 username 和 userpassword。初始化之后将实例 user 提交。InsertOnSubmit 方法和 SubmitChanges 方法一起使用可以将这条信息写入数据库。

下面就是登录界面了,主要流程是输入用户名和密码,单击“登录”按钮。这时会检查用户名和密码是否和数据库中存储的相匹配,于是关键代码还是在“登录”按钮的事件处理函数中。具体界面如图 17-22 所示。

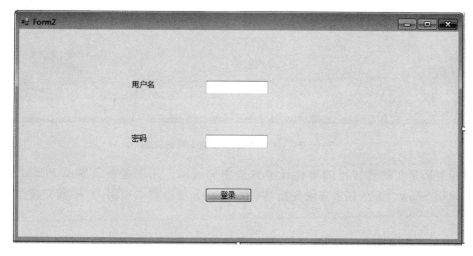

图 17-22　登录界面设计

```
private void button1_Click(object sender, EventArgs e)
{
    DataUserDataContext userctx = new DataUserDataContext();
    var result = from s in userctx.userdata
                 where s.username == textBox1.Text
                 select s.userpassword;
    foreach(var s in result)
    {
        if(s==textBox2.Text)
        {
            MessageBox.Show("登录成功!");
        }
        else
        {
            MessageBox.Show("密码错误!");
            textBox2.Text = "";
        }
    }
}
```

检查用户名和密码是否匹配只涉及读取数据库的信息,相对来说比较容易。由于用户名是唯一的,因此可以将用户名作为限制条件,选出用户名与 textBox1 中文本一致的项的密码即可。如果密码也与 textBox2 的文本一致,那么就登录成功了。

但此时单击“运行”按钮却始终只有注册页面。如何进入登录界面呢?这时可以在注册界面中设置一个跳转按钮,单击这个跳转按钮就会关闭此界面,打开另一个界面。这个跳转按钮也是普通的 Button 控件,具体的跳转逻辑还需要在事件处理方法中完成。

添加了跳转按钮的注册界面如图 17-23 所示。

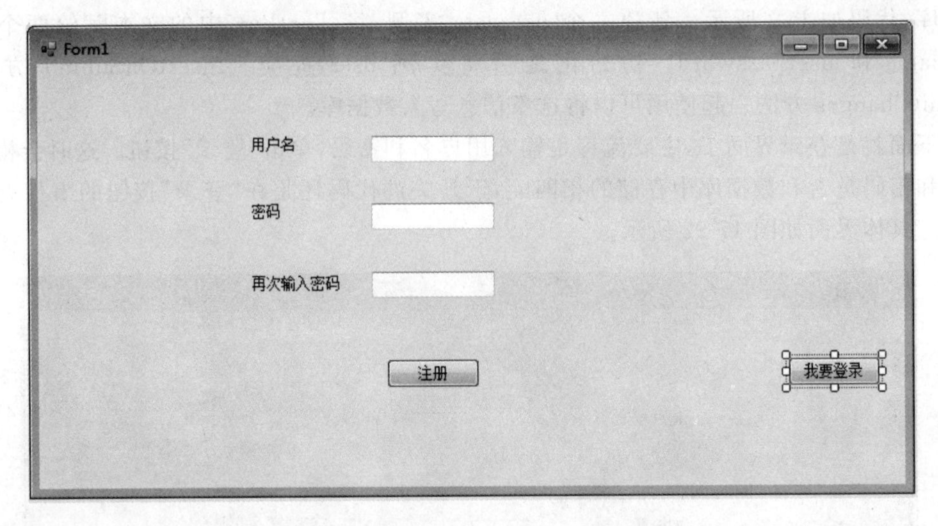

图 17-23　注册界面中添加了跳转按钮

跳转逻辑是在跳转按钮的事件处理方法中完成的。先创建登录界面 Form2 的实例 form2，调用 Show()方法显示登录界面，调用 Hide 方法隐藏本页面，这样就完成了页面的跳转。

```
private void button2_Click(object sender, EventArgs e)
{
    Form2 form2 = new Form2();
    form2.Show();
    this.Hide();
}
```

下面就可以测试一下这两个界面了。首先是注册界面，用户名为 1234、密码为 123，保证两次输入的一致性，单击“注册”按钮，弹出对话框提示注册成功，这时数据已经写入数据库中，如图 17-24 所示。

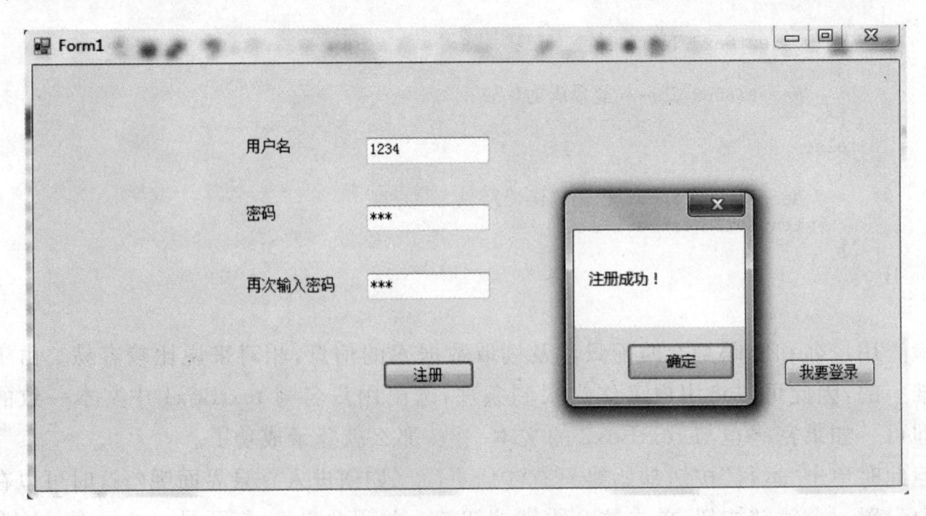

图 17-24　注册界面的执行结果

注册成功后如果再次单击“注册”按钮，由于数据已经存入数据库，再次单击意味着用户名的重复，因此会弹出提示用户名已被注册的对话框，如图 17-25 所示。

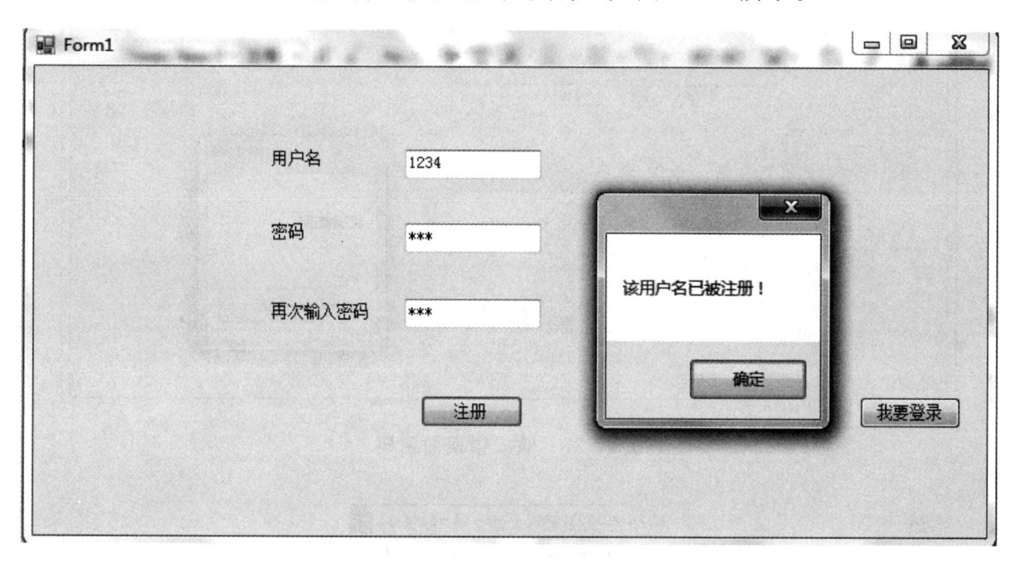

图 17-25 重复注册

单击“我要登录”按钮，输入刚才注册的用户名 1234、密码 123，会提示注册成功，如图 17-26 所示。

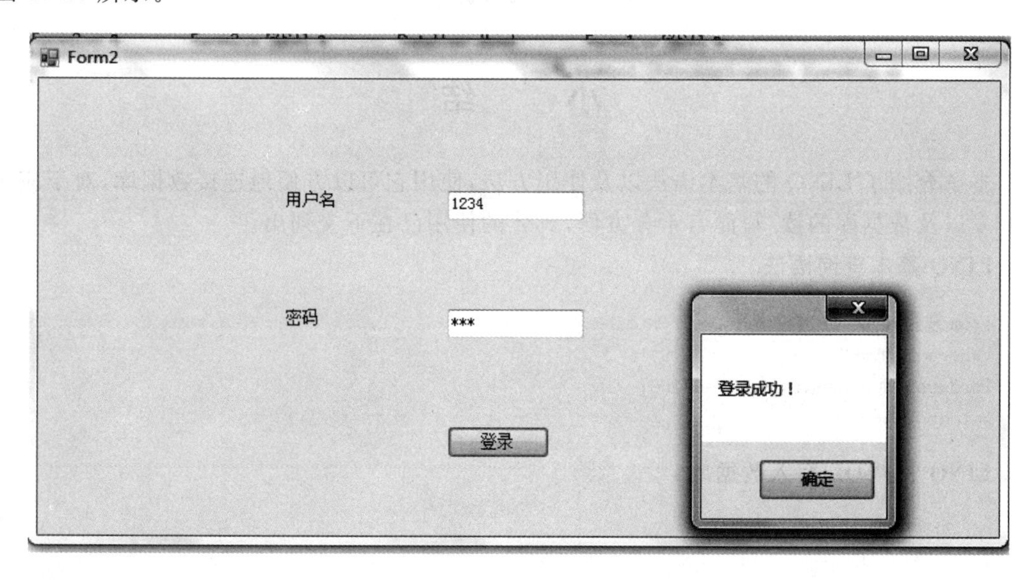

图 17-26 登录界面的执行结果

如果将密码输成了 12，则会提示密码错误，无法登录，如图 17-27 所示。

注册完成之后也可以打开 SQL Server 2014 检查注册的数据是否存入表中，如图 17-28 所示。

这样使用 LINQ to SQL 方便地连接到数据库，完成了数据库的读/写操作，实现了注册和登录的功能，并有一定的容错能力。

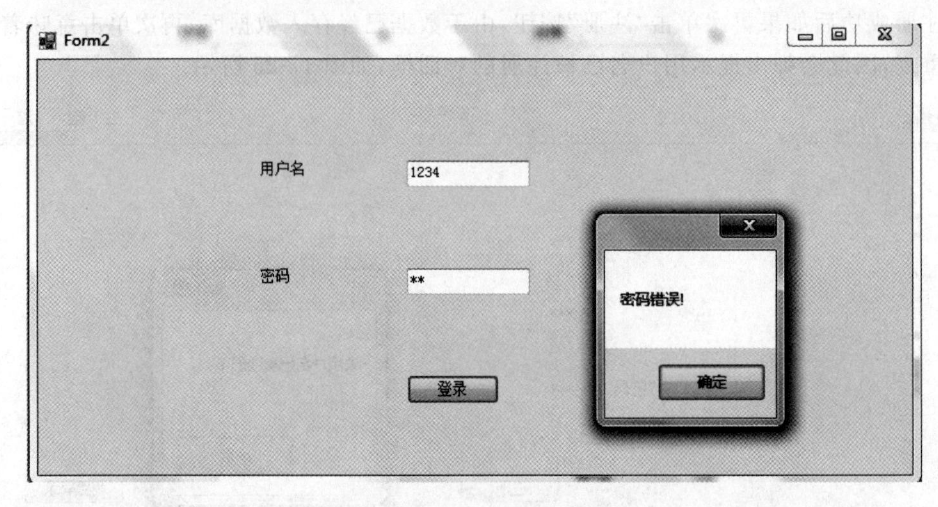

图 17-27　输入错误的密码

USER-20150129MC...- dbo.userdata

	username	userpassword
▶	123	12
	1234	123
*	NULL	NULL

图 17-28　检查数据库

小　　结

本章介绍了 LINQ 的基本语法以及使用方法，使用它可以方便地连接数据库，对于应用的开发以及数据库的读/写而言十分方便，具体的使用已在下文列出。

LINQ 基本查询语法

```
from 范围变量 in 数据源
[where 查询条件]
[orderby 项 ascending/descending]
select 项
```

LINQ TO SQL 写入数据库

```
var 对象 = new 表名
{
    字段 1 = … ,
    字段 2 = … ,
    …
    字段 n = …
};
datacontext.表名.InsertOnSubmit(对象);
datacontext.SubmitChanges();
```

习　题

习题 17-1　试说明 LINQ 与 LINQ to SQL 的关系。

习题 17-2　编程实现：利用 SQL Server 新建一个表，表名为 Student，具体字段有 ID（int 类型，作为主键）、name（varchar 类型，不能为空）、college（varchar 类型，不能为空），用户可以自己写入几组数据。

创建一个 WinForm 应用程序，使用 TextBox、Button、DataGridView、Label 控件实现以下要求：

(1) 在 TextBox 中输入 ID，单击“查询”按钮，在 DataGridView 中显示对应 ID 的人的所有信息。

(2) 插入功能。在 3 个 TextBox 中依次输入新的 ID、name、college 信息，将信息写入数据库表中。

(3) 查错功能。如果查询的 ID 在数据中不存在，应该弹出对话框提示。如果插入的新信息的 ID 信息在数据库中已经存在，则应弹出对话框提示，并且禁止插入。

第 18 章 可视化编程

通常,编程的目的是给人提供使用的工具。程序最终要跟各种各样的人打交道,从这个角度来讲,之前编写的控制台程序就有些不人性化了,我们不能要求每个人都对计算机知识有着不错的了解甚至能熟练使用控制台程序。在本章之前讲解的都是如何在一个冷冰冰的控制台上编写、使用我们的程序。本章要完成一个转变,要将生硬的代码转变为人人都可以理解的图形化界面。

这在之前的编程语言(如 C++)中是一个相对来说复杂的过程,但是 C# 作为一种新时代的面向对象语言,它的图形化是极为方便也极为系统的,用户只需要在 Visual Studio 中就可以轻松地将 C# 程序图形化,并且甚至可以不用接触代码,直接用图形化界面进行界面编程。

18.1 WindowsForm 开发控件介绍

在真正学习图形化开发之前要明确 C# 语言的可视化有几种形式。WindowsForm 是相对来说比较简单的一种形式,这种形式虽然简单却很高效,而且对于基本的 Windows 窗体应用程序开发而言已经足够强大,所以本节选取这种形式给大家作为 C# 图形化编程的入门。

既然要学习 WinForm,就要先创建一个相应的项目,这一点和之前创建的控制台程序有些不一样。

如图 18-1 所示,在创建项目时要选取“Windows 窗体应用程序”,在创建成功之后会出现如图 18-2 所示的界面。

可以看到,Visual Studio 已经为用户生成了一个 Windows 窗体,这个窗体叫 Form1。读者暂时不用知道这个窗体是如何编写的以及是如何生成的,只要掌握用法即可。

现在这个窗体已经包含在程序之中,如果单击“运行”按钮,大家发现屏幕中不会出现黑色的控制台,而是出现图 18-2 中的窗体框,这证明我们在图形化开发方面已经迈出了第一步。但窗体框现在是空的,没有任何东西。而我们常见的一些应用,窗体上都有各种各样的文本框或者按钮,所以需要在上面添加一些控件,这一部分可以直接用可视化操作来完成。注意图 18-2 左下角有一个工具箱,单击展开它,如图 18-3 所示。

如果想在窗体上增加一个按钮,只需要在工具箱上将 Button 这个图标拖曳至窗体中即可,如图 18-4 所示。

这样窗体中就多出一个控件,用户可以随意调整 Button 在窗体中的位置。Visual Studio 提供了很多控件,它们都可以像 Button 那样被很方便地使用。

图 18-1　创建窗体应用程序

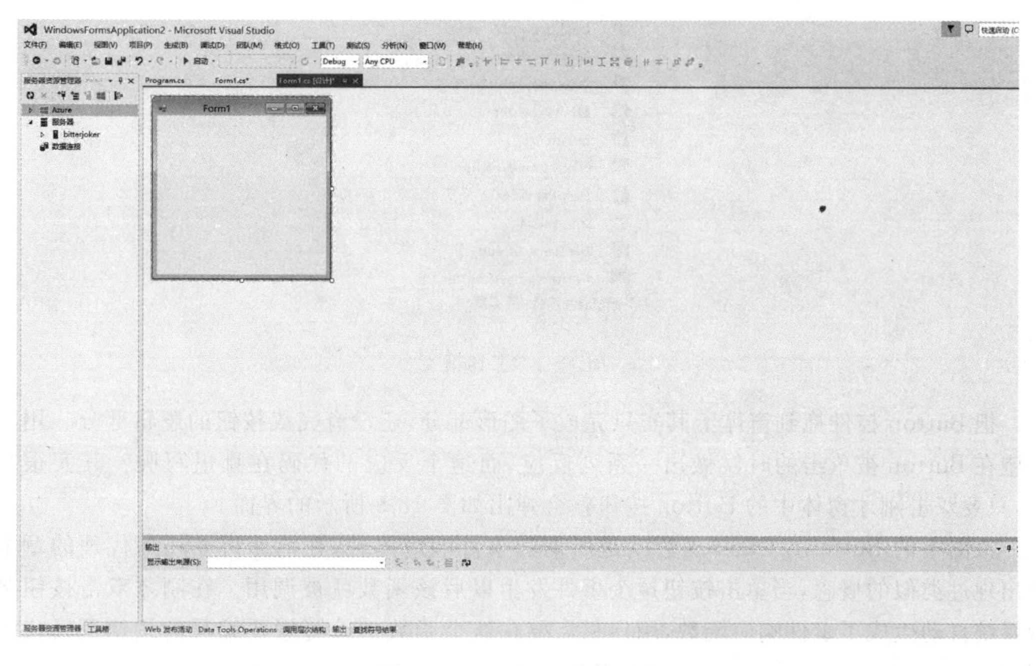

图 18-2　Windows 窗体开发

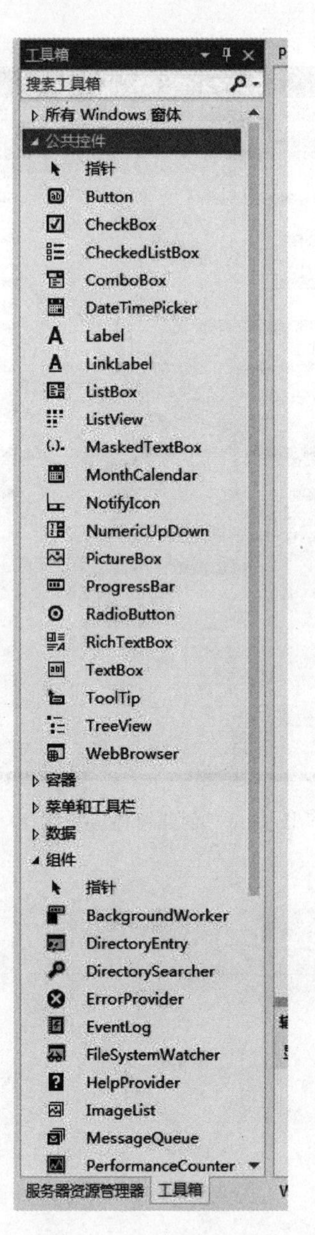

图 18-3　工具箱

把 Button 控件拖到窗体上其实只完成了图形部分，还没有完成按钮的逻辑部分。用户希望在 Button 被单击的时候做出一系列反应，而这个反应的代码在哪里写呢？其实很简单，只要双击刚才窗体中的 Button 按钮就会弹出如图 18-5 所示的界面。

该图中的 Button1_Click 函数就是所谓的事件响应函数，在前面讲委托与代理的章节中出现过类似的概念，当单击按钮这个事件发生以后该函数就被调用。在刚才双击按钮之后系统自动生成了事件响应函数，用户只需要在这个函数中编写想要编写的按钮逻辑代码即可。

另外还有一种非常常用的控件——文本框，如图 18-6 所示。

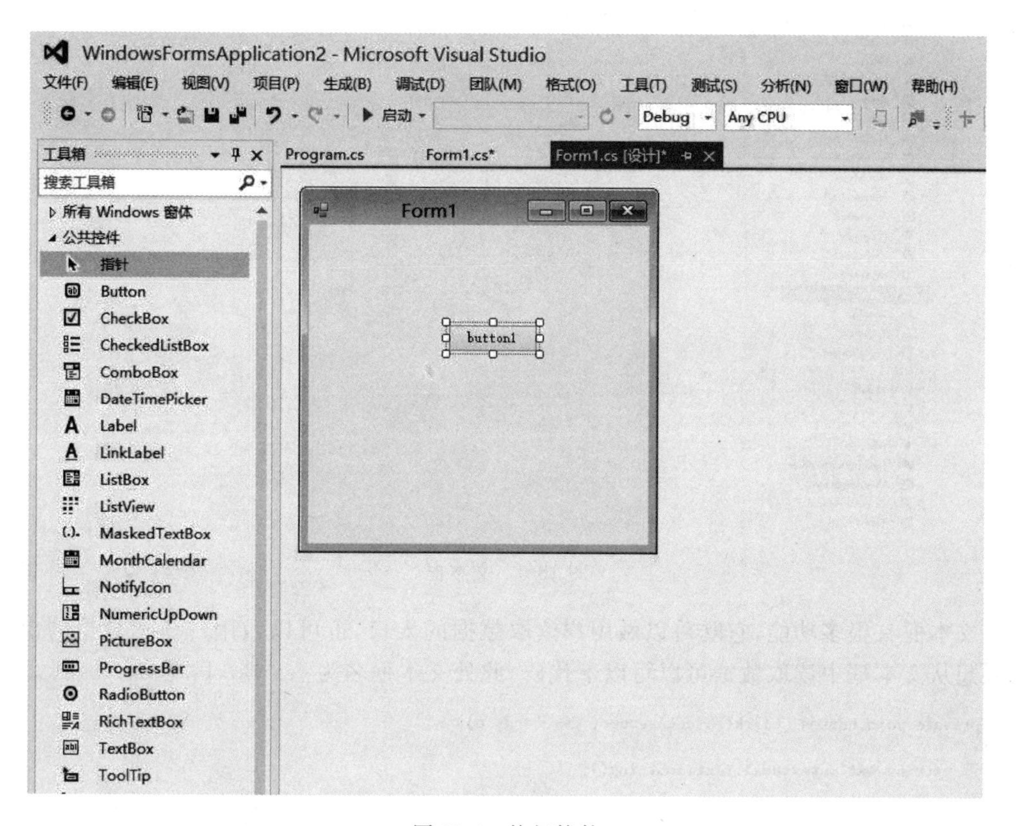

图 18-4 按钮控件

WindowsFormsApplication2 - Microsoft Visual Studio

文件(F) 编辑(E) 视图(V) 项目(P) 生成(B) 调试(D) 团队(M) 工具(T) 测试(S) 分析(N) 窗口(W) 帮助(H)

工具箱 | Program.cs | Form1.cs* | Form1.cs [设计]*

搜索工具箱 | WindowsFormsApplication2 | WindowsFormsApplication2.Form1

常规

此组中没有可用的控件。将某项拖至此文本可将其添加到工具箱。

```
using System;
using System.Collections.Generic;
using System.ComponentModel;
using System.Data;
using System.Drawing;
using System.Linq;
using System.Text;
using System.Threading.Tasks;
using System.Windows.Forms;

namespace WindowsFormsApplication2
{
    public partial class Form1 : Form
    {
        public Form1()
        {
            InitializeComponent();
        }

        private void Form1_Load(object sender, EventArgs e)
        {

        }

        private void button1_Click(object sender, EventArgs e)
        {

        }
    }
}
```

图 18-5 按钮响应

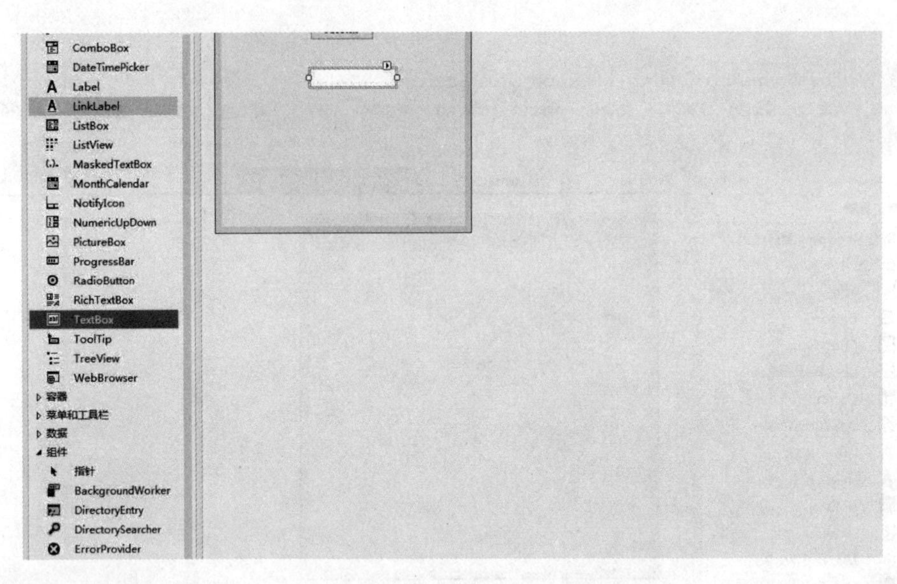

图 18-6　文本框

文本框有很多功能，它既可以做用户读取数据的入口；也可以做用户显示数据的出口。如果想从文本框中读取数据可以写以下代码，此处文本框名为 textBox1：

```
private void button1_Click(object sender, EventArgs e)
{
    string txt = textBox1.Text.ToString();

}
```

这里通过一个 string 类型的 txt 实例获取了 textBox1 文本框中的数据。用户也可以将想要呈现的文本显示在文本框中，如图 18-7 所示。

```
using System;
using System.Collections.Generic;
using System.ComponentModel;
using System.Data;
using System.Drawing;
using System.Linq;
using System.Text;
using System.Threading.Tasks;
using System.Windows.Forms;

namespace WindowsFormsApplication2
{
    public partial class Form1 : Form
    {
        public Form1()
        {
            InitializeComponent();
        }

        private void Form1_Load(object sender, EventArgs e)
        {

        }

        private void button1_Click(object sender, EventArgs e)
        {
            string txt = "abc";
            textBox1.Text = txt;

        }
    }
}
```

图 18-7　呈现文本

在按钮响应函数中将 string 类型的 txt 赋给文本框 textBox1，从而完成了一个简单的逻辑，即单击 button1 按钮，文本框会显示 abc 字样，如图 18-8 所示。

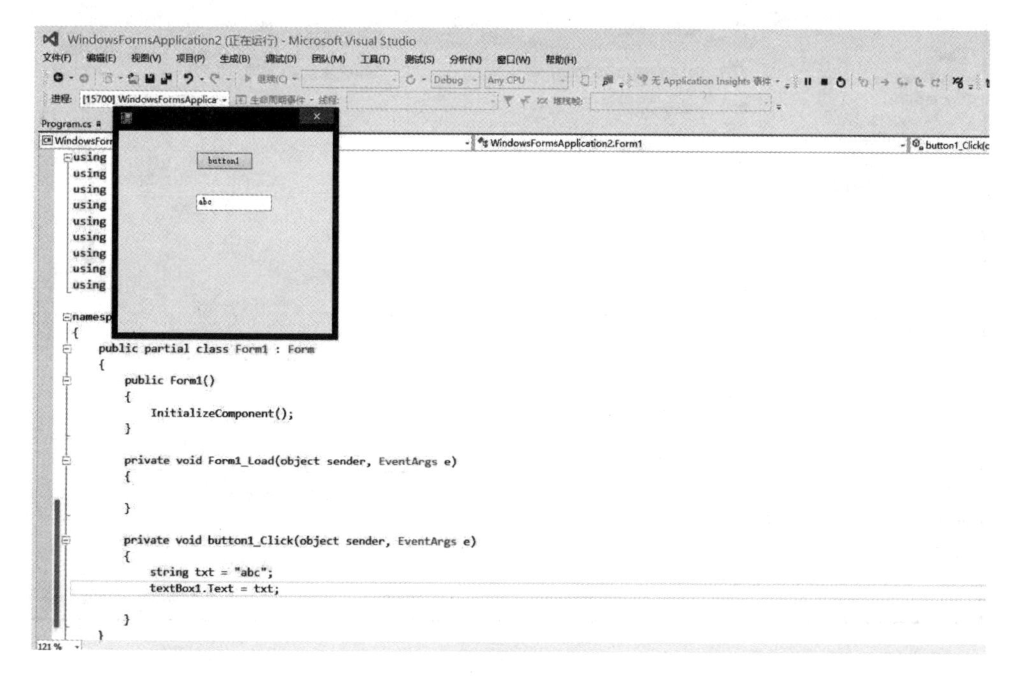

图 18-8　演示实例

上面举例讲了 Button 和 TextBox 两种控件的用法，由于篇幅所限，对于其他控件不再一一详述。

其实，读者掌握了按钮和文本框已经可以自行开发很多 Windows 窗体程序，在下一节中将会用一个图形化计算器的开发实例来演示如何用 Windows 窗体程序进行一个实际的程序开发。

18.2　WindowsForm 开发实例

在本节将以一个图形界面计算器的开发作为例子来演示 Windows 窗体应用程序的开发。

首先应该创建项目，如图 18-9 所示。

在项目创建成功以后进入界面设计的环节，由于想要完成的是一个最基本的计算器，所以大概需要加、减、乘、除 4 个按钮，而文本框需要 3 个，分别用来存储两个算术因子以及用来显示结果，如图 18-10 所示。

在实际开发中往往需要改变按钮的文本，使之呈现想要的内容，可以在右下角的属性面板中进行改变，如图 18-11 所示。

在属性面板中有一项 Text，这一项就是按钮的文本项，用户可以通过改变它来改变按钮文本，如图 18-12 所示。

现在已经成功地在每个按钮上加入了想要的符号，但文本框却没有任何表示，这时候需要引入 Label 控件，它最常见的作用就是用来标识一些事物，如图 18-13 所示。

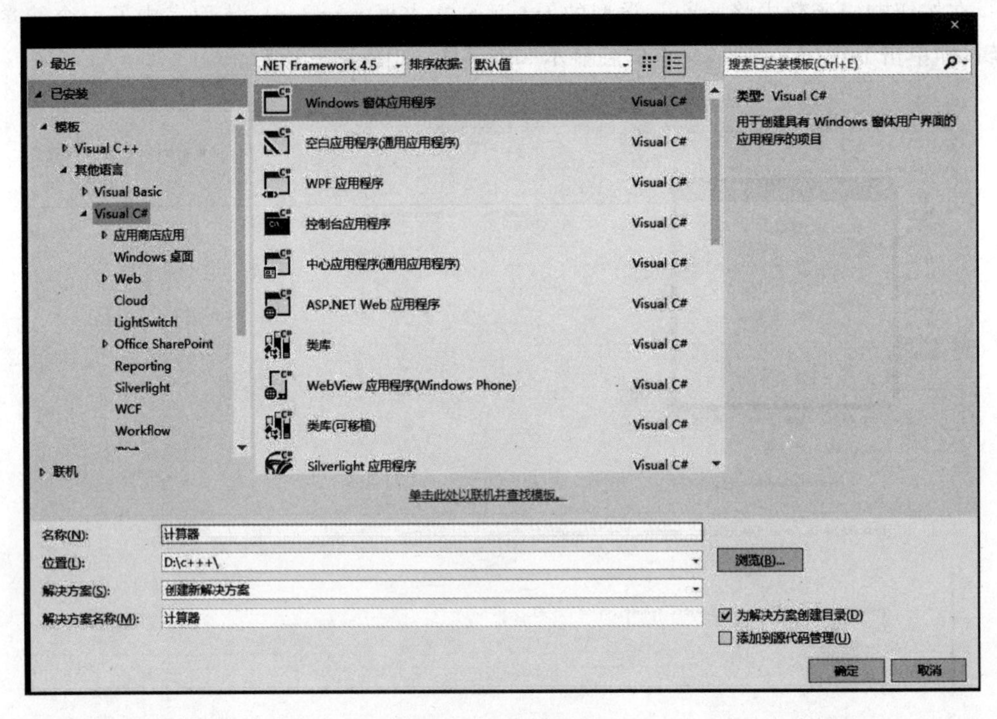

图 18-9　创建项目

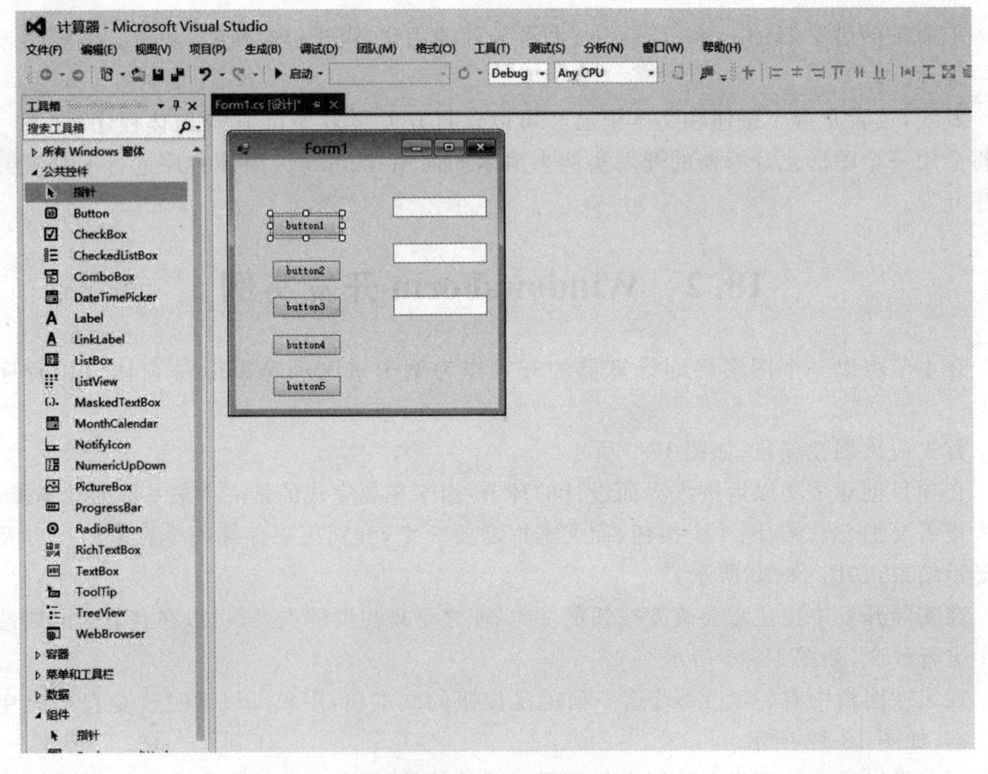

图 18-10　计算器界面

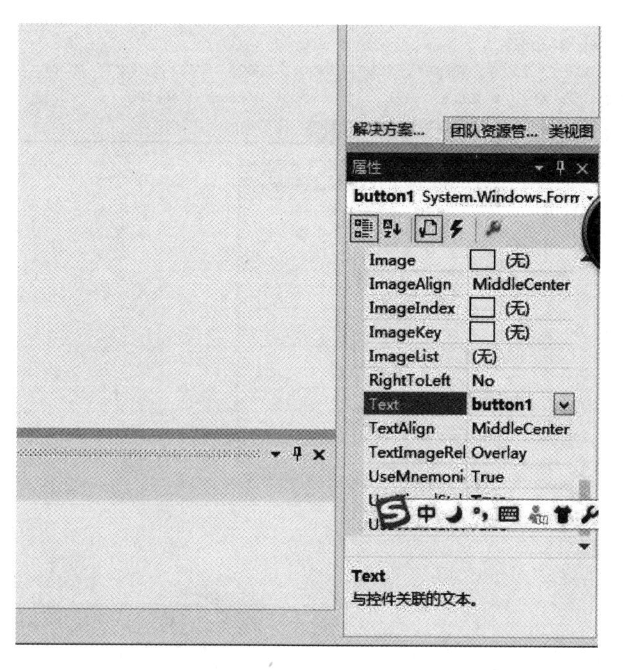

图 18-11 属性面板

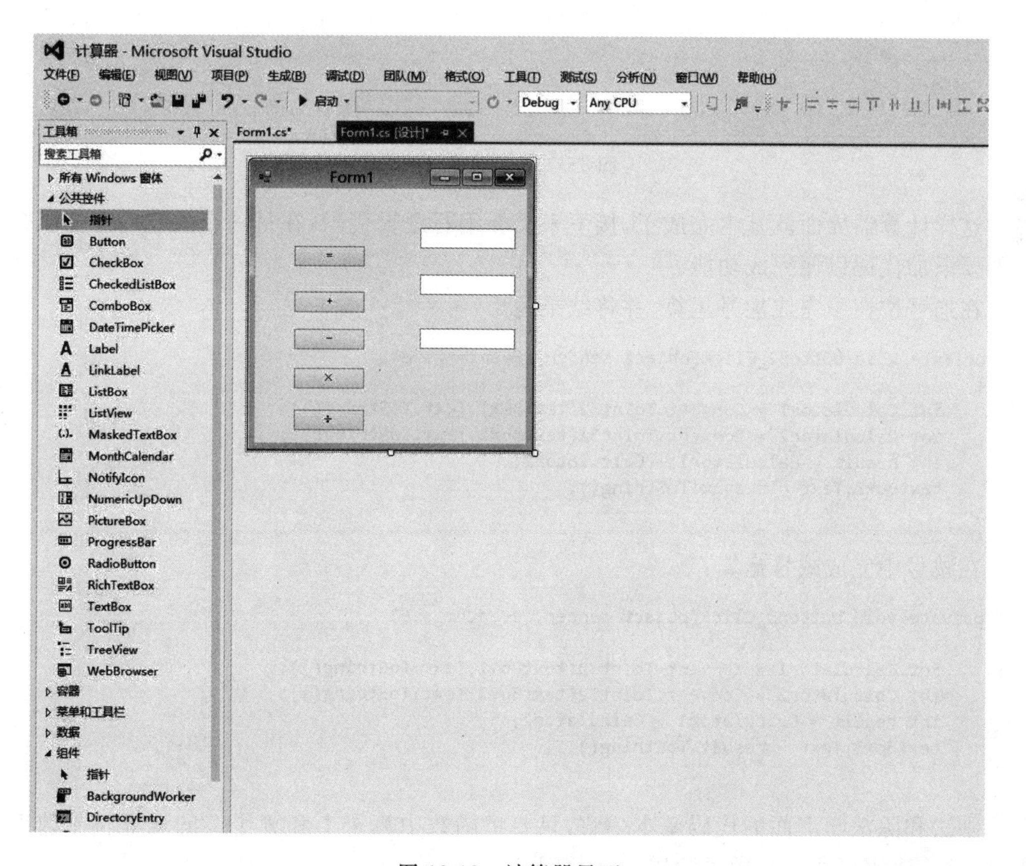

图 18-12 计算器界面

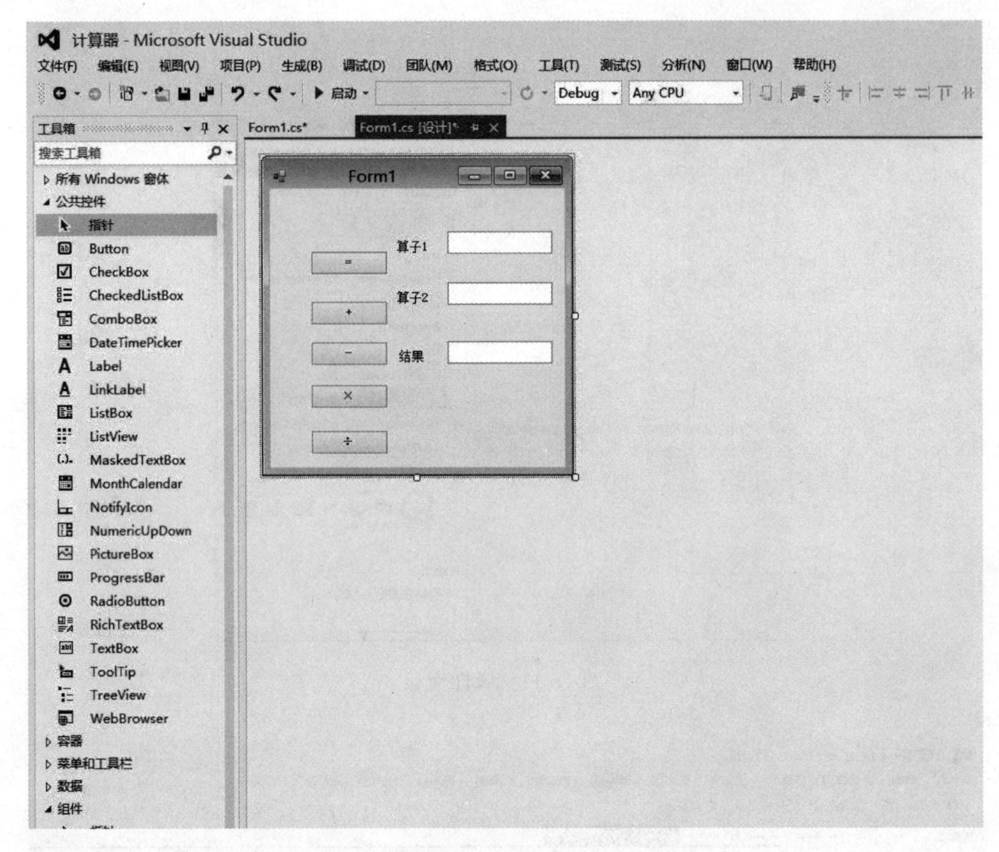

图 18-13　加入 Label

这样计算器界面就基本完成了，接下来需要编写逻辑代码，在每一个按钮的响应函数中都需要添加代码以便完成功能。

在加号按钮中完成加号运算，并将结果写出：

```
private void button2_Click(object sender, EventArgs e)
{
    int Calculator1 = Convert.ToInt32(textBox1.Text.ToString());
    int Calculator2 = Convert.ToInt32(textBox2.Text.ToString());
    int result = Calculator1 + Calculator2;
    textBox3.Text = result.ToString();
}
```

在减号中完成减号运算：

```
private void button3_Click(object sender, EventArgs e)
{
    int Calculator1 = Convert.ToInt32(textBox1.Text.ToString());
    int Calculator2 = Convert.ToInt32(textBox2.Text.ToString());
    int result = Calculator1 - Calculator2;
    textBox3.Text = result.ToString();
}
```

乘法和除法与上面的代码基本一致，只要将函数中算子 1 和算子 2 的运算符号改变一下，并且除法需要注意 0 的排除以及小数问题。

到这里第一个 Windows 窗体程序就编写完成了，读者可以自己运行一下，看看功能是不是和之前设想的一样。通过本章的讲解，读者可以发现 C# 的可视化界面开发十分容易上手，只要懂得 C# 基本语法很快就可以开发出拥有可视界面的 C# 程序。然而必须要提醒的是，本章介绍的可视化编程只是 Windows 窗体程序的"冰山一角"，Windows 窗体程序有很多有趣又强大的功能，更何况其他可视化框架（如 WPF 等）。所以可视化编程上手容易，但是和很多编程语言一样都比较难精通。希望读者在学完本章之后能对可视化编程有进一步的学习。

小　结

本章介绍了 C# 程序中的可视化界面的开发，因为旨在快速地让读者入门 C# 的可视化界面开发，所以本章从最基本的控件讲起，并且都是用实例来教学。在学习本章以后读者能自行开发一些基本的 Windows 窗体程序，但要想真正掌握 C# 的可视化界面编程还需要更深层次的学习。

习　题

习题 18-1　C# 可视化界面的编程有哪几种主要框架？

习题 18-2　如果想要获取文本框中的文本，应该用哪一个对象？

习题 18-3　现在有一个学生档案登记程序需要开发，要求能进行学生信息的登录，登录内容包括姓名和学号，登录完成后要在窗体中用 ListView 进行显示，并能完成选中后删除等操作以及修改选中项的功能。

第 19 章　ASP.NET 开发基础

ASP.NET 是一种开发动态网站、设计动态网页,并基于微软的.NET Framework 框架的技术。目前,ASP.NET 框架可以支持 C#、Visual Basic 等开发语言,符合面向对象的程序设计思想,以 Visual Studio 为开发环境,图形化的设计界面便于网站前端设计。除此之外,它还支持事件驱动机制,将后台逻辑与前端设计适当分离,又能有机融合。在学习了 C#的基本语法和读/写数据库的操作后就可以方便地使用 ASP.NET 开发一个网站了。开发一个完整的网站不仅需要使用 C#,还需要有 ASP.NET 的相关知识,本章将对 ASP.NET 进行简要介绍,以方便读者快速上手。

19.1　ASP.NET 简介

19.1.1　ASP.NET 整体介绍

使用 ASP.NET 创建网站需要完成几部分的工作:.aspx 文件指导的页面前端设计,与之对应的.cs 文件完成后端逻辑,配置文件内的 Web 应用配置信息,IIS 搭建服务器用于建站。其中,绝大多数的 Windows 系统自带 IIS 服务,不需要用户进行复杂的配置。而.aspx 文件、.cs 文件和配置文件需要编程人员进行处理。具体内容将在后续小节中介绍,首先来看 ASP.NET 顶层运行机制结构图,如图 19-1 所示。

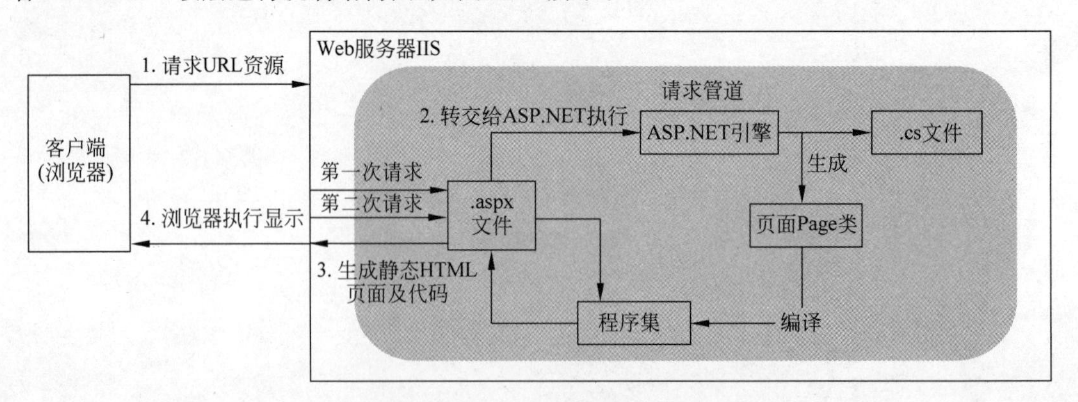

图 19-1　ASP.NET 顶层运行机制图

当客户端的 HTTP 请求到达服务器后,IIS 会为 HTTP 请求分配应用程序池,在应用程序池中创建请求需要的管道,请求管道将 HTTP 请求的各步骤进行了分配。

当第一次请求页面时,在请求管道中经过了身份验证等模块的一系列操作后,它会被映射处理程序处理，发现要请求的是.aspx页面，这时请求将转交给ASP.NET执行，也就是上图的步骤。ASP.NET页面分为前台.aspx文件和后台.cs文件，ASP.NET引擎会将前台文件和后台文件合并生成一个页面(Page)类，然后由编译器将该页面类编译成为程序集，再由程序集生成静态HTML页面，接着将HTML文件返回给映射处理程序，并将静态HTML页面返回给客户端浏览器解释运行。当用户第二次请求该页面时直接调用编译好的程序集即可，从而大大提高了打开页面的速度。

IIS的全称为Internet Information Server(网络信息服务管理器)，它是微软公司主推的Web服务器。也就是说在理解IIS时首先应该把我们的计算机看成一个网络服务器，而IIS就是管理网络信息的服务器管理程序。

客户端在请求网页时首先要在网页中输入静态的IP地址或者网站域名，经过域名解析后如果请求的地址存在且合法则请求的内容会发送到服务器上。当服务器接收到一个HTTP请求的时候，IIS首先根据文件的扩展名决定如何处理这个请求。

服务器获取所请求的页面(也可以是文件)的扩展名以后，接下来会在服务器端寻找可以处理这类扩展名的应用程序。如果IIS找不到可以处理此类文件的应用程序，并且这个文件也没有受到服务器端的保护，那么IIS将直接把这个文件返还给客户端；如果IIS找到可处理的此类文件的应用程序会使用托管代码对它进行编译，然后返回到管道继续执行，最后返回客户端。

如图19-2所示，这是一个完整的网络请求图，IIS在其中处于中心位置，通过对各种资源的整合最后做出相应的HTTP响应。

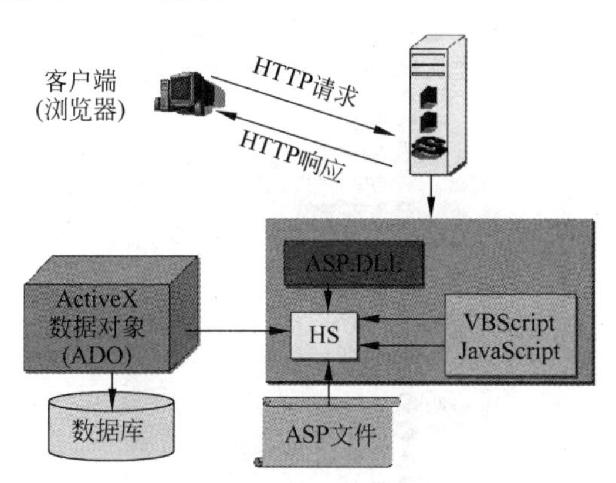

图19-2　IIS运行结构图

19.1.2　ASP.NET项目的创建

首先新建一个ASP.NET Web应用程序，如图19-3所示。

之后选择Web Form，得到一个并非空白的项目，而是一个具有基本框架的项目。这是微软自带的框架，对于初学者而言可以直接在它的基础上进行修改。事实上，创建后所得的项目已经可以执行了。先来看一下项目目前包含的文件，如图19-4所示。

每个页面都对应一个.aspx文件，因此在做项目前需要设计好需要哪些页面，各页面对应完成什么功能。.aspx文件目录下还有与之对应的.cs文件。Site.Master是母版页，它将出现在所有页面中。除此之外，Web.config是配置文件，具体的配置将在后面介绍。另外

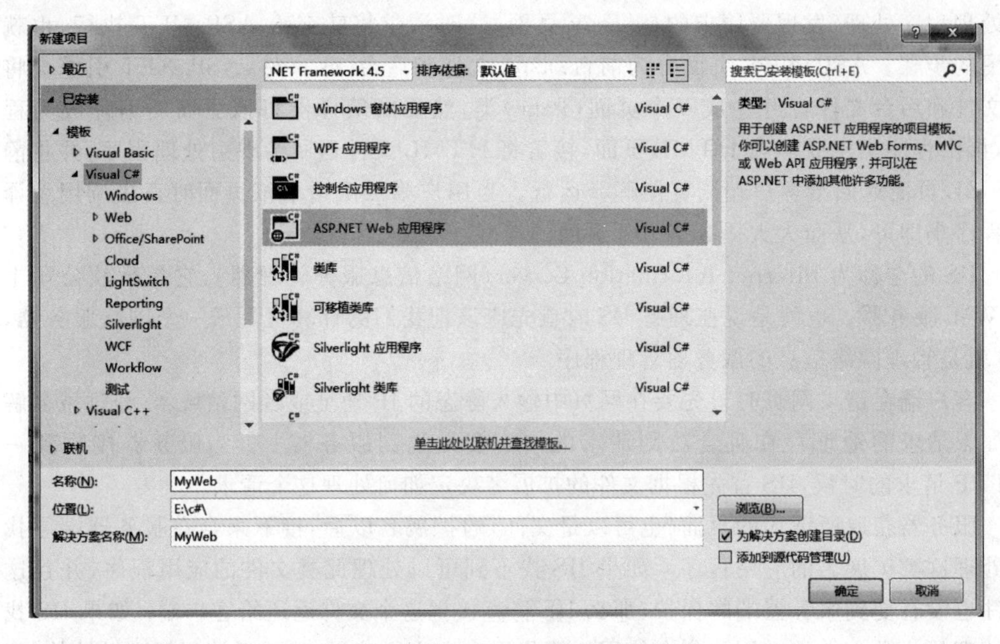

图 19-3　创建一个 ASP. NET 应用程序

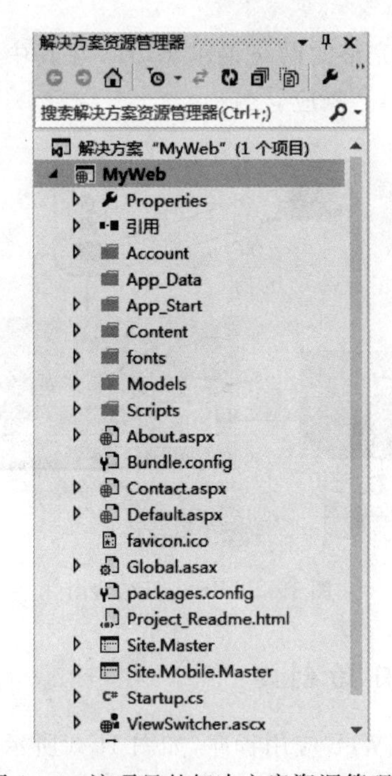

图 19-4　该项目的解决方案资源管理器

还有一些文件夹，例如 account 文件夹，里面是已经提供好的框架，包括 Register. aspx、Login. aspx 等页面，用于登录注册等应用。用户可以将一些页面放在文件夹中，以便于权限控制，例如已登录用户可访问和未登录不可访问的页面。

单击一个. aspx 文件就可以进行一个页面的设计了。Visual Studio 为用户提供了 3 种视图,即设计视图、拆分视图和源视图。所谓设计视图就是将页面直观展现,基本上与发布后用户看到的页面相同。源视图完全是前端代码。拆分视图是一半页面,一半代码。对于初学者而言,设计视图比较友好,可以直观地了解页面的全局,并且可以在工具箱中拖动控件到设计视图中。但对于页面的微调和控件属性的设置,也需要在源视图中进行。

对于刚创建的页面,单击 Default. aspx,可以看到该页面的设计,图 19-5 所示为源视图。

```
<%@ Page Title="Home Page" Language="C#" MasterPageFile="~/Site.Master" AutoEventWireup="true" CodeBehind="Default.aspx.cs" Inherits="MyWeb.

<asp:Content ID="BodyContent" ContentPlaceHolderID="MainContent" runat="server">

    <div class="jumbotron">
        <h1>ASP.NET</h1>
        <p class="lead">ASP.NET is a free web framework for building great Web sites and Web applications using HTML, CSS, and JavaScript.</
        <p><a href="http://www.asp.net" class="btn btn-primary btn-large">Learn more &raquo;</a></p>
    </div>

    <div class="row">
        <div class="col-md-4">
            <h2>Getting started</h2>
            <p>
                ASP.NET Web Forms lets you build dynamic websites using a familiar drag-and-drop, event-driven model.
            A design surface and hundreds of controls and components let you rapidly build sophisticated, powerful UI-driven sites with data
            </p>
            <p>
                <a class="btn btn-default" href="http://go.microsoft.com/fwlink/?LinkId=301948">Learn more &raquo;</a>
            </p>
        </div>
        <div class="col-md-4">
            <h2>Get more libraries</h2>
            <p>
```

图 19-5 .aspx 文件的源视图

图 19-6 则是设计视图。

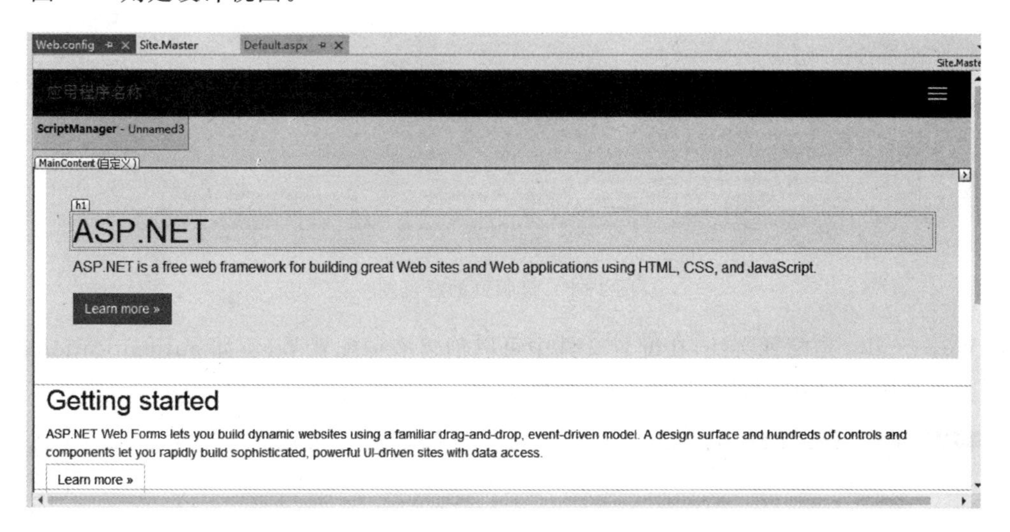

图 19-6 .aspx 文件的设计视图

打开 Default. aspx 的路径,可以发现其路径下还包含了对应的 Default. aspx. cs 文件,在这里可以使用 C#进行后台逻辑的编程。其大致思想与 WinForm 应用类似,在前端创建控件,在. cs 文件中编写事件处理的逻辑,如图 19-7 所示。

Site. Master 是母版页,也是页面的一种。它的不同之处在于会出现在其他页面中。这在很多大型网站中很常见,例如京东、淘宝等网站,在首页最上方都有一条内容,用户可以登录、注册、查看订单。进入其他页面后,最上方的信息依然存在,登录信息依然会保存,用户可以在其他页面中查看订单。这就是母版页,它提高了代码的复用性。母版页同样有 3 种

```
Default.aspx.cs  Web.config  Site.Master  Default.aspx
MyWeb._Default                     Page_Load(object sender, EventArg

1  using System;
2  using System.Collections.Generic;
3  using System.Linq;
4  using System.Web;
5  using System.Web.UI;
6  using System.Web.UI.WebControls;
7
8  namespace MyWeb
9  {
       1 个引用
10     public partial class _Default : Page
11     {
           0 个引用
12         protected void Page_Load(object sender, EventArgs e)
13         {
14
15         }
16     }
17 }
```

图 19-7 .aspx 文件对应的.cs 文件

视图模式,图 19-8 所示为源视图。

```
Site.Master  Default.aspx  你的 ASP.NET 应用程序
10     <title><%: Page.Title %> - 我的 ASP.NET 应用程序</title>
11
12     <asp:PlaceHolder runat="server">
13         <%: Scripts.Render("~/bundles/modernizr") %>
14     </asp:PlaceHolder>
15     <webopt:bundlereference runat="server" path="~/Content/css" />
16     <link href="~/favicon.ico" rel="shortcut icon" type="image/x-icon" />
17
18 </head>
19 <body>
20     <form runat="server">
21         <asp:ScriptManager runat="server">
22             <Scripts>
23                 <%--To learn more about bundling scripts in ScriptManager see http://go.microsoft.com/fwlink/?LinkID=301884 --%>
24                 <%--Framework Scripts--%>
25                 <asp:ScriptReference Name="MsAjaxBundle" />
26                 <asp:ScriptReference Name="jquery" />
27                 <asp:ScriptReference Name="bootstrap" />
28                 <asp:ScriptReference Name="respond" />
29                 <asp:ScriptReference Name="WebForms.js" Assembly="System.Web" Path="~/Scripts/WebForms/WebForms.js" />
30                 <asp:ScriptReference Name="WebUIValidation.js" Assembly="System.Web" Path="~/Scripts/WebForms/WebUIValidation.js" />
31                 <asp:ScriptReference Name="MenuStandards.js" Assembly="System.Web" Path="~/Scripts/WebForms/MenuStandards.js" />
32                 <asp:ScriptReference Name="GridView.js" Assembly="System.Web" Path="~/Scripts/WebForms/GridView.js" />
```

图 19-8 母版页的源视图

Web.config 是配置文件,在配置文件中可以创建多种配置节,例如 authentication 配置节可以控制用户的访问权限,如图 19-9 所示。

```
Web.config  Site.Master  Default.aspx  你的 ASP.NET 应用程序
1  <?xml version="1.0" encoding="utf-8"?>
2  <!--
3    有关如何配置 ASP.NET 应用程序的详细信息，请访问
4    http://go.microsoft.com/fwlink/?LinkId=169433
5    -->
6  <configuration>
7    <configSections>
8      <!-- For more information on Entity Framework configuration, visit http://go.microsoft.com/fwlink/?LinkID=237468 -->
9      <section name="entityFramework" type="System.Data.Entity.Internal.ConfigFile.EntityFrameworkSection, EntityFramework, Version=6.0.0.0, C
10   </configSections>
11   <connectionStrings>
12     <add name="DefaultConnection" connectionString="Data Source=(LocalDb)\v11.0;AttachDbFilename=|DataDirectory|\aspnet-MyWeb-20170327025041
13       providerName="System.Data.SqlClient" />
14   </connectionStrings>
15   <system.web>
16     <authentication mode="None" />
17     <compilation debug="true" targetFramework="4.5" />
18     <httpRuntime targetFramework="4.5" />
19     <pages>
20       <namespaces>
21         <add namespace="System.Web.Optimization" />
22         <add namespace="Microsoft.AspNet.Identity" />
23       </namespaces>
24       <controls>
25         <add assembly="Microsoft.AspNet.Web.Optimization.WebForms" namespace="Microsoft.AspNet.Web.Optimization.WebForms" tagPrefix="webopt"
```

图 19-9 配置文件代码

单击运行调试，IIS就会开启，用户可以在默认浏览器中看到自己的页面。如果完成了事件处理方法，还可以进行事件处理，如图19-10所示。

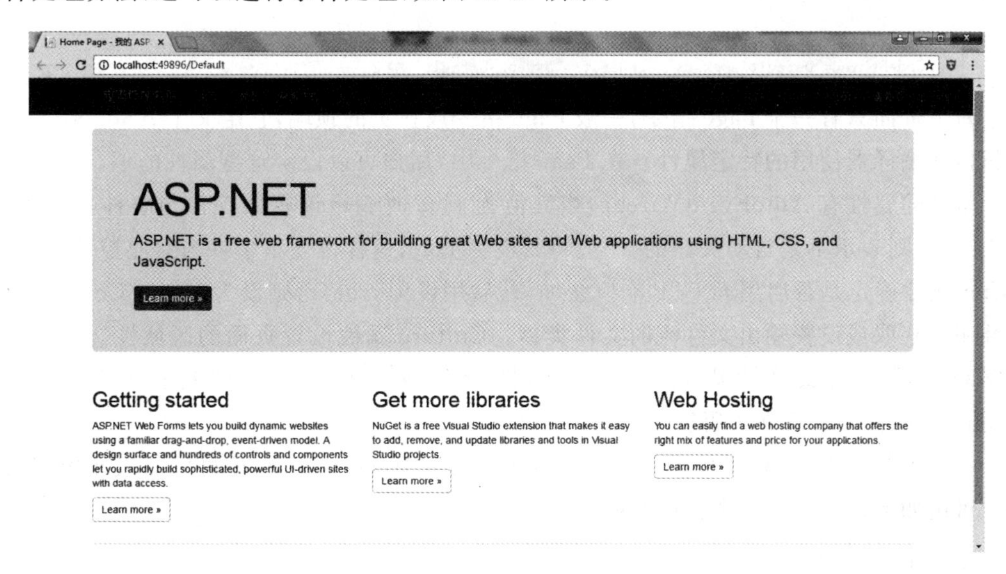

图19-10　网站运行结果

在设计界面时会用到相关的ASP.NET控件，可以在工具箱中查看相关的控件，这些控件与WinForm应用的相关控件相比大部分的使用是类似的，但也略有不同。例如验证控件，这些控件可以对输入的合法性进行检查，例如两次输入是否一致，是否为空，输入格式是否符合相关格式等。相关工具栏如图19-11所示。

图19-11　工具箱中的ASP.NET部分控件

19.2　ASP.NET页面语法

ASP.NET的页面属于前端设计，已经超出了C#的学习范畴，但这部分内容也是制作网站不可或缺的部分。前端设计可以使用可视化界面，拖动控件到指定位置即可，这一点与之前开发WinForm应用十分类似。但一些属性的设置仍然需要在源视图中进行，因此了解一些ASP.NET页面的基本语法是必要的。

ASP.NET的内容页是.aspx文件，里面的源视图包含了该页面的指令。页面指令是指ASP.NET运行时对当前页面的设置情况，一般以“<%@”作为开始标签、以“%>”作为结束标签，中间则包含了相关的代码块。其中，Page指令是每个ASP.NET页面必须拥有的指令，Default.aspx的Page指令如下：

```
<%@ Page Title="Home Page" Language="C#" MasterPageFile="~/Site.Master" AutoEventWireup="true"
    CodeBehind="Default.aspx.cs"  Inherits="MyWeb._Default" %>
```

每个页面只有一个Page指令，一般Page指令放在页的顶端，它定义了ASP.NET页面分析器和编译器使用的特定属性。在Page指令中，用户可以设定这些属性的值。

常见的属性有AutoEventWireup，当其值为true时表示该页面控件与事件自动关联，值为false则表示不是自动关联的，一般将其设为true，这样方便了事件与对应控件的绑定。Buffer属性确定是否启用HTTP响应缓冲，若启用设为true，否则设为false。ContentType属性用于获取或设置输出文件流的文件类型。Culture属性设置页面的区域性，会对日期、数字和货币的格式产生影响。Debug属性设置该页面是否调试其页面程序错误。Language属性设置页面代码所使用的编程语言。

在ASP.NET中，程序代码不仅可以写在代码页面.cs文件中，还可以插入在内容页面中。可用如下代码插入一个代码声明块：

```
<script runat="server">
    protected void Page_Load(object sender, EventArgs e)
    {

    }
</script>
```

所谓代码声明块，就是对在服务器运行的程序模块，需要进行编译。它的插入以<script runat="server">开头、以</script>结尾。在代码块中就可以插入C#的代码声明块了，在其中可以声明方法。

除了代码声明块，还可以声明代码呈现块。这部分代码主要用于数据绑定、属性输出和方法执行。它以“<%”标签开头、以“%>”标签结尾。例如在代码声明块中声明了一个方法text_show，那么就可以在代码呈现块中调用这个方法：

```
<% text_show("输出信息") %>
```

在源视图中还可以添加注释。HTML元素部分的代码的注释是以“<@! --”标签开头、以“-->”结尾，例如：

```
<div class="col-md-4">
    <!--添加注释-->
    <h2>Getting started</h2>
    <p>
        ASP.NET Web Forms lets you build dynamic websites using a familiar drag-and-drop, event-driven model.
    A design surface and hundreds of controls and components let you rapidly build sophisticated, powerful UI-dri
    </p>
    <p>
        <a class="btn btn-default" href="http://go.microsoft.com/fwlink/?LinkId=301948">Learn more &raquo;</a>
    </p>
</div>
<div class="col-md-4">
```

对于插入的C#代码，用户可以通过熟悉的“//”方式添加注释。

19.3 配置文件与母版页

19.3.1 配置文件

配置文件就是 Web. config 文件，用来存储 ASP. NET 应用程序的配置信息，使用配置文件可以将应用程序部署到服务器上。Web. config 包含多个配置节，本节主要介绍 authentication 配置节。

authentication 配置节主要用于配置 ASP. NET 的身份验证支持。authentication 配置节以< authentication >开头、以</authentication >结尾。一个配置节的实例如下：

```
<authentication mode="Forms">
  <forms loginUrl="~/Account/Login.aspx" timeout="2880" defaultUrl="~/Index.aspx" />
</authentication>
```

mode 属性用于设置身份验证模式。该属性值设为“Forms”表示为窗体模式。在窗体模式标签中也可以设置多种属性。loginUrl 属性的值表示重定向到登录页的 url，例如本网站的登录页为“～/Account/Login. aspx”，则设为该值，用户未登录时会跳转到该页面。timeout 属性设置其过期时间。defaultUrl 属性表示登录后未指定跳转页时跳到的页面。

除此之外，用户还可以在 authentication 配置节中设置访问权限。想象一下购物网站的“我的订单”页面，如果用户未登录，是不能进入“我的订单”页面的，因此这样的页面需要进行权限控制，使已登录的用户可以访问、未登录的用户不可以访问。拒绝未登录用户的权限控制代码如下：

```
<location path="User">
  <system.web>
    <authorization>
      <allow roles="User"/>
      <deny users="?"/>
    </authorization>
  </system.web>
</location>
```

在 authentication 配置节中，“< deny users＝"?" / >”的含义是拒绝了匿名用户，而“< allow roles＝"user"/>”的含义则是允许已登录用户访问。

可以将这些拒绝匿名用户访问的页面放到一个文件夹中（如 User 文件夹），上述代码的 location 配置节则是指定了路径，凡是在 User 文件夹中的页面都要拒绝匿名用户的访问。这样一旦匿名用户试图进入该页面，就会跳转到之前设置的 loginUrl 的页面中示意用户先登录。

除此之外，当使用 ADO. NET 添加数据绑定时相应的绑定信息也会出现在 Web. config 中，例如：

```
<add name="网上挂号系统ConnectionString"
 connectionString="Data Source=USER-20150129MC;Initial Catalog=网上挂号系统;Integrated Security=True"
 providerName="System.Data.SqlClient" />
```

19.3.2 母版页

网站的建设还需要母版页的加入，在母版页中可以设计统一的标题、菜单、导航栏、页脚、版权等信息,在其他页面中也会显示,这样做方便了页面的修改与维护。

通过创建 Master 页面来创建母版页。在创建的带有微软框架的项目中 Site. Master 就是母版页。母版页的代码与 ASP. NET 的页面基本相同,而母版页会有一个或多个 ContentPlaceHolder 控件,用于自定义内容页面的内容。一个 Site. Master 的源视图如下:

```
<div class="navbar-header">
    <button type="button" class="navbar-toggle" data-toggle="collapse" data-target=".navbar-collapse">
        <span class="icon-bar"></span>
        <span class="icon-bar"></span>
        <span class="icon-bar"></span>
    </button>
    <a class="navbar-brand" runat="server" href="~/">应用程序名称</a>
</div>
<div class="navbar-collapse collapse">
    <ul class="nav navbar-nav">
        <li><a runat="server" href="~/">主页</a></li>
        <li><a runat="server" href="~/About">关于</a></li>
        <li><a runat="server" href="~/Contact">联系方式</a></li>
    </ul>
    <asp:LoginView runat="server" ViewStateMode="Disabled">
        <AnonymousTemplate>
            <ul class="nav navbar-nav navbar-right">
                <li><a runat="server" href="~/Account/Register">注册</a></li>
                <li><a runat="server" href="~/Account/Login">登录</a></li>
            </ul>
        </AnonymousTemplate>
        <LoggedInTemplate>
            <ul class="nav navbar-nav navbar-right">
                <li><a runat="server" href="~/Account/Manage" title="Manage your account">Hello, <%: Context.User.Identity.GetUserName(
                <li>
                    <asp:LoginStatus runat="server" LogoutAction="Redirect" LogoutText="注销" LogoutPageUrl="~/" OnLoggingOut="Unnamed_
                </li>
            </ul>
        </LoggedInTemplate>
```

可以看到,母版页的设计与普通内容页面的设计基本类似。不同之处在于,母版页必须要使用一个或多个 ContentPlaceHolder 控件,例如:

```
<div class="container body-content">
    <asp:ContentPlaceHolder ID="MainContent" runat="server">
    </asp:ContentPlaceHolder>
    <hr />
    <footer>
        <p>&copy; <%: DateTime.Now.Year %> - 我的 ASP.NET 应用程序</p>
    </footer>
</div>
```

当一个母版页被内容页引用时,ContentPlaceHolder 控件会被页面内容合并,生成最终的页面。也就是说,内容页的部分所在位置就是母版页的 ContentPlaceHolder 控件中的位置。它也是一种占位符,内容页的部分将会填充 ContentPlaceHolder 控件,得到内容页与母版页融合后的页面,因此 ContentPlaceHolder 控件必不可少。在设计母版页时需要确定内容页的位置,将 ContentPlaceHolder 控件放在这个位置。

19.4 ASP. NET 相关控件

服务器端提供的控件会提供一定的用户界面,使客户端执行相关的操作,实现网站的功能。ASP. NET 的相关控件主要分为 HTML 服务器控件、标准服务器控件、验证控件等。

HTML 服务器控件包含了标准的 HTML 标签,使用 runat="server"声明。在服务器端,该控件能够利用 ASP. NET 访问相关数据和属性,但无法执行程序代码。其主要的程序代码是在 JavaScript 中实现的。使用 JavaScript 这种脚本语言可以获取 HTML 中的对象并执行一些简单的程序。当然,不只是 ASP. NET 网站开发,HTML 控件在其他类型的网站开发中也十分常见，在本书中不再详细介绍。

标准服务器控件则是在 Visual Studio 工具箱中的 TextBox、Button、Label 等控件。其使用与开发与 WinForm 中控件的使用十分类似，同样是在.cs 文件中编写事件处理方法。

```
protected void Button1_Click(object sender, EventArgs e)
{

}
```

除此之外，验证控件是用于对用户输入信息的验证的，只需对控件进行简单设置就可以对用户的输入进行检查，无须编写大量代码进行合法性检查的工作。例如在登录页面中，如果不输入用户名显然是不合法的，这就可以使用 RequiredFieldValidator 控件验证必填字段。如果未在 TextBox 中输入信息，则会提示用户输入，如图 19-12 所示。

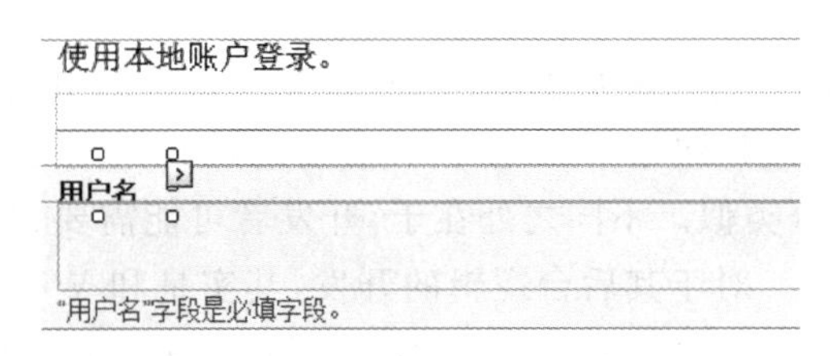

图 19-12　添加 RequiredFieldValidator 控件

在源视图中 RequiredFieldValidator 控件的代码如下：

```
<div class="col-md-10">
    <asp:TextBox runat="server" ID="UserName" CssClass="form-control" />
    <asp:RequiredFieldValidator runat="server" ControlToValidate="UserName"
        CssClass="text-danger" ErrorMessage=""用户名"字段是必填字段。" />
</div>
```

在注册页面中必须保证两次输入的密码一致，使用 CompareValidator 控件可以用来比较两个控件的数值，如图 19-13 所示。

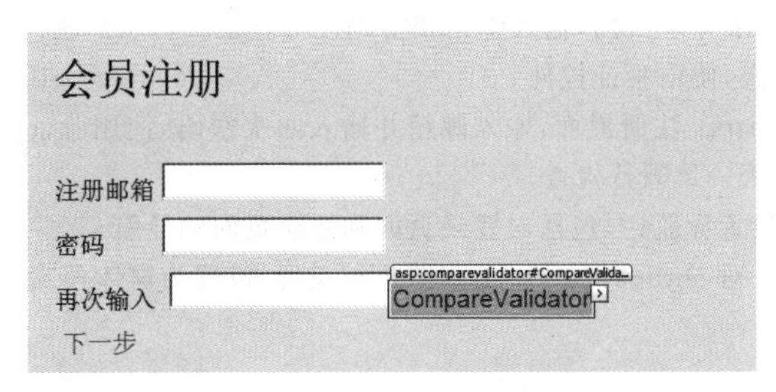

图 19-13　添加 CompareValidator 控件

源视图中该控件的代码如下：

```
<asp:CompareValidator ID="CompareValidator1" runat="server" ErrorMessage="两次密码输入必须要一致！"
    ControlToCompare ="TextBox6" ControlToValidate ="TextBox7"></asp:CompareValidator>
```

CompareValidator 控件的 ControlToCompare 属性表示被比较的控件 ID，ControlToValidate 属性表示要比较的控件 ID。Operator 属性表示比较操作，如果将其值设为 Equal，则是用来比较两控件输入是否相等，当然也可以比较大于、小于等关系。对该控件的属性设置后，一旦两次输入的密码不一致，那么在 CompareValidator 控件的位置会出现提示，提示内容就是 ErrorMessage 属性的值。如果两次输入不一致就单击提交，那么将无法触发相关的事件，必须改正一致后才可提交。

除此之外，RangeValidator 控件可以限制输入范围，RegularExpressionValidator 控件可以进行格式的限制。

对于 ASP.NET 的相关控件，读者无须对它们的属性和使用完全熟悉，在使用时随时在网上查询相关知识即可。

小　结

本章介绍了 ASP.NET 的相关页面语法、配置文件和母版页的作用，以及如何使用相关控件，让读者对 ASP.NET 网站开发有一个全面的认识。对于其具体的开发，其实与 WinForm 的应用开发十分类似。不同之处在于，开发者可能需要在页面上使用 ASP.NET 的相关页面语法进行修改。对于其后台逻辑的开发，其实是和 WinForm 应用十分类似的。因此，在学完本章之后读者就可以尝试使用 ASP.NET 开发一个网站了。

习　题

习题 19-1　试阐述 ASP.NET 网站开发的重要部分及作用。

习题 19-2　试阐述 ASP.NET 的运行机制。

习题 19-3　编程实践：在 WebForm 中微软基本框架的基础上建立一个网站，包括以下页面。

(1) Index.aspx：主页，显示主页信息。

(2) Login.aspx：登录页面，输入邮箱和密码进行登录。对用户输入是否为空以及邮箱输入的格式进行检查，使用验证控件。

(3) Register.aspx：注册界面，输入邮箱并输入两次密码，使用验证控件对邮箱格式和两次输入的密码是否一致进行检查。

(4) 母版页：设置导航栏，包括对登录页面和注册页面的导航。

(5) 配置文件：对 authentication 配置节进行设置，设置为窗体模式。

第20章 开发实例——医院预约挂号网站

本章将使用 ASP. NET 建立一个完整的网站——医院预约挂号网站，作为一个较为全面的示例向读者展示项目开发的完整过程和 C# 在项目开发中的作用，为读者日后的 C# 开发和软件工程提供一个可参考的项目示例。

20.1 场景描述

为了规范和推动医院预约挂号服务，卫生部于 2009 年 8 月在其官方网站发布了《关于在公立医院施行预约诊疗服务工作的意见(征求意见稿)》，要求在推动医院开展预约挂号工作的同时提高对预约挂号服务工作的认识，加强对预约挂号服务工作的管理，并认真做好相关组织工作。

在这样的背景下，我们开发网站创建一个网上预约挂号系统。该网站用户量小，在设计架构上要求不高，仅作为学生学习 C# 过程中的开发实践项目。本网站以 IIS 为网站服务器，开发环境为 Visual Studio 2013，使用 ASP. NET 开发，数据库使用 SQL Server 2014。

该网站的功能分为 4 个模块，即登录注册、在线预约、管理员管理以及取消预约。

20.1.1 登录注册

未注册用户可以通过该系统查询各大城市的医院、相关科室、各科室的医生等各类信息，但不能使用其他与预约相关的业务。需要进行预约挂号的用户必须通过该系统利用身份证号进行实名注册，注册信息由系统管理员进行审核，审核通过后用户才可使用该系统。

可以使用母版页建立导航页导航到注册和登录页面。在登录页面下方建立“忘记密码”按钮，导航到密码修改的页面。“注销”选项同样可以在母版页的导航栏中选择，在登录后导航栏中显示“欢迎”+用户名，并提供注销按钮。在构建数据库时应该考虑到，除了用户名和密码还应该设置密码提示问题和答案的储存，以便在修改个人资料时可以进行验证。

20.1.2 在线预约

在预约挂号时用户首先选择需要预约的医院，之后选择要预约的科室和时间(指定某个日期的上午或下午)，此时系统应自动显示该时间段内该科室所有出诊的医生。需要注意的是，每个医生每次出诊所能看病的人数有一定的限制，当某个医生的预约人数满员后即不可预约。用户可以选择一个可预约的医生进行预约，一个用户在每个时间段最多只能预约不同科室的 3 位医生(注意：同一科室只能预约一位)。预约成功后，用户可以打印预约单。用户还可以通过第三方的支付系统在网上支付挂号费，也可以暂不交费。已交费的用户还可以打印挂号单，并在看病当天拿着预约单和挂号单直接去医院相应的科室分诊台进行分诊，分诊台的护士核查预约单和挂号单无误后盖章确认，即允许用户看病。未交费的用户需要拿着预约单到医院的挂号处交费，挂号处核查预约单并打印出挂号单，盖章确认后交给分诊台护士，之后进行分诊。

由于真正的付款需要有相关付款方式的接口和商业认可，对于学习开发的小型网站不必实现真正的支付，只要单击“付款”提示付款成功即可。

20.1.3 管理员管理

有关医生的出诊信息可以由系统管理员手动维护，也可以通过定制一些规则后由系统提前若干天（具体多少天可以由系统管理员设置）生成某日的出诊信息。

除此之外，用户的注册也需要管理员进行有效性审核，审核通过还需要设置信用等级，这样用户才可以登录。

20.1.4 取消预约

在看病的前一天，用户可以随时取消预约记录，系统不收取任何费用，已缴的费用会自动退回到用户的账号。看病当天的预约记录只能在医院挂号处现场取消，也不收取费用。但是，对于那些在网上预约成功却不去看病，也不按时取消的用户，系统会进行警告：已收取的费用不再退回，每出现一次用户的信用等级下降1级；当用户的信用等级将为0时不再允许使用该系统。用户的初始信用等级是在审核用户注册信息时设定的。

20.2 功能分析与设计

20.2.1 用例分析

根据需求描述确定系统的参与者和需要完成的用例，具体的参与者有未注册用户、已注册用户、系统管理员、第三方支付系统、时间、挂号处。

需要完成的功能及其描述见表20-1。

表20-1 用例分析

用例名称	用例描述	参与者
查询医院信息	查询各大城市的医院、相关科室、各科室的医生等各类信息	未注册用户、已注册用户（未加括号的是系统业务参与者，下同）
实名注册	用身份证号进行实名注册	未注册用户
审核注册信息	审核相关信息	系统管理员
登录		已注册用户
找回密码		已注册用户
注销		已注册用户
在线预约	选择需要预约的医院，之后选择要预约的科室和时间（指定某个日期的上午或下午）进行预约	已注册用户
打印预约单	预约成功且有效后可打印预约单	已注册用户

续表

用例名称	用例描述	参与者
支付费用	预约成功后通过支付宝支付预约费用	已注册用户、支付系统(外部服务参与者)
打印挂号单	预约成功并支付成功后打印挂号单	已注册用户
现场打印挂号单	没有网上支付的已注册用户可以带着预约单到挂号处核对,核对无误在现场打印挂号单	已注册用户、挂号处(主要系统参与者)
取消预约记录	在看病的前一天用户可随时取消预约记录,系统不收取任何费用,已付款会被退回	已注册用户、支付系统(外部服务参与者)
现场取消预约	看病当天的预约记录只能在医院挂号处现场取消,也不收取费用	已注册用户、挂号处(主要系统参与者)、支付系统(外部服务参与者)
降低系统等级	预约成功却不去看病也不按时取消的用户,已收取的费用不再退回,每出现一次用户的信用等级下降1级	已注册用户(外部接收参与者)
封停账户	信用等级达到0时封停账号,并通知用户	已注册用户(外部接收参与者)
设置出诊信息	系统管理员手动设置医生的出诊信息供用户预约	系统管理员
设置提前生成信息天数	系统管理员定制的规则控制系统提前多少天生成某日的出诊信息	系统管理员
提前生成出诊信息	系统提前若干天放出某天的出诊信息供用户选择	时间
评价医生	门诊结束后用户可在线上对该预约医生的服务进行评级与评价,以便其他用户参考	已注册用户
设置预约信息	系统管理员可以根据情况对某一医生某天的门诊数进行调节,按照需求进行加号	系统管理员
设置信用等级	审核用户信息后设置用户信用等级	系统管理员

确定了该网站所要完成的相关用例也就确定了要完成的功能,之后要根据需求设计数据库的存储内容。

20.2.2 数据库设计

该系统采用 SQL Server 作为数据库管理系统,字符集采用 UTF-8。数据库名称为医院挂号管理系统。

数据库表名列表如表 20-2 所示。

表 20-2 数据库表名列表

编号	数据库表名	说明
1	user	用户,包括用户基本信息和信用评级
2	hospital	医院
3	department	科室
4	doctor	医生的基本信息,包含医生的基本信息

续表

编号	数据库表名	说　明
5	admin	管理员
6	schedual	出诊信息,包括医生的出诊时间、名额等
7	registration	预约信息,与出诊信息、用户有关,包括哪位用户挂了哪个号以及那个号的相关信息
8	deal	挂号信息,与预约信息有关,从预约信息中抽取重要的信息,再加上付款信息,例如付款时间、是否已付款、取消时间等
9	time	存储管理员设置的提前可预约天数的信息

具体各表的设计如表 20-3～表 20-11 所示。

表 20-3　用户表

表　名	user
建表语句	create table _user (User-id varchar(30) primary key not null, Password varchar(10) not null, Age int not null, Id_number char(18) not null, User_name varchar(10) not null, Phone_number varchar(20), Credit_rating int Certified_status int not null Created_at date not null, Updated_at date not null,)

序号	字段名	中文名	数据类型	允许为空	规则	约束
1	User_id	用户名	varchar(30)	no	primary key	无
2	Password	密码	varchar(30)	no	无	无
3	Age	年龄	int	no	无	无
4	Id_number	身份证号	char(18)	no	primary key	unique
5	User_name	姓名	varchar(10)	no	无	无
6	Phone_number	电话号码	varchar(20)	yes	无	无
7	Credit_rating	信用等级	int	yes	无	无
8	Created_at	创建时间	date	no	无	无
9	Updated_at	修改时间	date	no	无	无
10	Certified_status	是否实名	int	yes	无	无

表 20-4　医院表

<table>
<tr><td>表　　名</td><td colspan="6">hospital</td></tr>
<tr><td>建表语句</td><td colspan="6">create table hospital
(
H_id varchar(30) primary key not null,
Hospital_name varchar(30) not null,
Place varchar(10) not null,
Hospital_level varchar(30) ,
Description varchar(30)
)</td></tr>
<tr><td>序号</td><td>字段名</td><td>中文名</td><td>数据类型</td><td>允许为空</td><td>规则</td><td>约束</td></tr>
<tr><td>1</td><td>H_id</td><td>医院 id</td><td>varchar(30)</td><td>no</td><td>primary key</td><td>无</td></tr>
<tr><td>2</td><td>Hospital_name</td><td>医院名称</td><td>varchar(30)</td><td>no</td><td>无</td><td>无</td></tr>
<tr><td>3</td><td>Place</td><td>地点</td><td>varchar(10)</td><td>no</td><td>无</td><td>无</td></tr>
<tr><td>4</td><td>Hospital_level</td><td>医院等级</td><td>varchar(30)</td><td>yes</td><td>无</td><td>无</td></tr>
<tr><td>5</td><td>Description</td><td>医院描述</td><td>varchar(30)</td><td>yes</td><td>无</td><td>无</td></tr>
</table>

表 20-5　科室表

<table>
<tr><td>表　　名</td><td colspan="6">department</td></tr>
<tr><td>建表语句</td><td colspan="6">create table department
(
D_id varchar(30) primary key not null,
H_id varchar(30) foreign key references hospital(H_id) not null,
Department_name varchar(20) not null,
Classification varchar(10) not null,
Department_description varchar(30) not null
)</td></tr>
<tr><td>序号</td><td>字段名</td><td>中文名</td><td>数据类型</td><td>允许为空</td><td>规则</td><td>约束</td></tr>
<tr><td>1</td><td>D_id</td><td>科室 id</td><td>varchar(30)</td><td>no</td><td>primary key</td><td>无</td></tr>
<tr><td>2</td><td>H_id</td><td>医院 id</td><td>varchar(30)</td><td>no</td><td>无</td><td>reference hospital(H_id)</td></tr>
<tr><td>3</td><td>Department_name</td><td>科室名称</td><td>varchar(20)</td><td>no</td><td>无</td><td>无</td></tr>
<tr><td>4</td><td>Classification</td><td>科室类别</td><td>varchar(10)</td><td>no</td><td>无</td><td>无</td></tr>
<tr><td>5</td><td>Department_description</td><td>科室描述</td><td>varchar(30)</td><td>no</td><td>无</td><td>无</td></tr>
</table>

表 20-6　医生表

表　名	doctor
建表语句	create table doctor (Doctor_id varchar(30) primary key not null, Doctor_name varchar(30) not null, D_id varchar(30) foreign key references department(D_id) not null, H_id varchar(30) foreign key references hospital(H_id) not null, Consulting_time date, Introduction varchar(50), Doctor_level int not null, Sex varchar(10) not null)

序号	字段名	中文名	数据类型	允许为空	规则	约束
1	Doctor_id	医生 id	varchar(30)	no	primary key	无
2	Doctor_name	医生姓名	varchar(30)	no	无	无
3	D_id	科室 id	varchar(30)	no	无	reference department(D_id)
4	H_id	医院 id	varchar(30)	no	无	reference hospital(H_id)
5	Consulting_time	出诊时间	date	yes	无	无
6	Introduction	简介	varchar(50)	yes	无	无
7	Doctor_level	医生级别	int	no	无	无
8	Sex	性别	varchar(10)	no	无	无

表 20-7　出诊信息表

表　名	schedual
建表语句	create table schedual (D_id varchar(30) foreign key references department(D_id) not null, H_id varchar(30) foreign key references hospital(H_id) not null, Schedual_id varchar(30) primary key not null, Quata int not null, Meeting_time date not null, Status int not null)

序号	字段名	中文名	数据类型	允许为空	规则	约束
1	D_id	科室 id	varchar(30)	no	无	reference department(D_id)
2	H_id	医院 id	varchar(30)	no	无	reference hospital(H_id)
3	Schedual_id	出诊信息 id	varchar(30)	no	primary key	无
4	Quata	剩余名额	int	no	无	无
5	Meeting_time	出诊时间	date	no	无	无
6	Status	出诊状态	int	no	无	无

表 20-8　管理员表

<table>
<tr><td colspan="2">表　名</td><td colspan="5">admin</td></tr>
<tr><td colspan="2">建表语句</td><td colspan="5">create table admin
(
Admin_id varchar(30) primary key not null,
Admin_name varchar(10) not null,
Admin_password varchar(10) not null
Privilege int not null check(Privilege >—1 and Privilege < 2)
)</td></tr>
<tr><td>序号</td><td>字段名</td><td>中文名</td><td>数据类型</td><td>允许为空</td><td>规则</td><td>约束</td></tr>
<tr><td>1</td><td>Admin_id</td><td>管理员 id</td><td>varchar(30)</td><td>no</td><td>primary key</td><td>无</td></tr>
<tr><td>2</td><td>Admin_name</td><td>管理员姓名</td><td>varchar(10)</td><td>no</td><td>无</td><td>无</td></tr>
<tr><td>3</td><td>Admin_password</td><td>管理员密码</td><td>varchar(10)</td><td>no</td><td>无</td><td>无</td></tr>
<tr><td>4</td><td>Privilege</td><td>权限</td><td>int</td><td>no</td><td>无</td><td>0 为系统管理员、1 为医院管理员</td></tr>
</table>

表 20-9　预约信息表

<table>
<tr><td colspan="2">表　名</td><td colspan="5">registration</td></tr>
<tr><td colspan="2">建表语句</td><td colspan="5">create table registration
(
R_id varchar(30) primary key not null ,
D_id varchar(30) foreign key references department(D_id) not null unique,
H_id varchar(30) foreign key references hospital(H_id) not null unique,
Id_number char(18) foreign key references user(Id_number) not null unique,
Doctor_id varchar(30) foreign key references doctor(Doctor_id) not null unique,
R_time date
)</td></tr>
<tr><td>序号</td><td>字段名</td><td>中文名</td><td>数据类型</td><td>允许为空</td><td>规则</td><td>约束</td></tr>
<tr><td>1</td><td>R_id</td><td>预约 id</td><td>varchar(30)</td><td>no</td><td>primary key、unique</td><td>无</td></tr>
<tr><td>2</td><td>User_id</td><td>用户 id</td><td>varchar(30)</td><td>no</td><td>unique</td><td>reference user (User_id)</td></tr>
<tr><td>3</td><td>D_id</td><td>科室 id</td><td>varchar(30)</td><td>no</td><td>unique</td><td>reference department (D_id)</td></tr>
<tr><td>4</td><td>H_id</td><td>医院 id</td><td>varchar(30)</td><td>no</td><td>unique</td><td>reference hospital (H_id)</td></tr>
<tr><td>5</td><td>Id_number</td><td>身份证号</td><td>char(18)</td><td>no</td><td>unique</td><td>reference user (Id_number)</td></tr>
<tr><td>6</td><td>Doctor_id</td><td>医生 id</td><td>varchar(30)</td><td>no</td><td>unique</td><td>reference doctor (Doctor_id)</td></tr>
<tr><td>7</td><td>R_time</td><td>预约时间</td><td>date</td><td>no</td><td>无</td><td>无</td></tr>
</table>

表 20-10　挂号信息表

表　　名	deal
建表语句	create table deal (Deal_id varchar(30) primary key not null, Pay_time date not null, Payment_status int not null, Cancle_time date, R_id varchar(30) foreign key references registration(R_id) not null unique,)

序号	字段名	中文名	数据类型	允许为空	规则	约束
1	Deal_id	付款 id	varchar(30)	no	primary key、unique	无
2	Pay_time	付款时间	date	no	无	无
3	Payment_status	付款状态	int	no	无	无
4	Cancle_time	取消时间	date	yes	无	无
5	R_id	预约 id	varchar(30)	no	unique	reference registration (R_id)

表 20-11　时间信息表

表　　名	time
建表语句	create table time (time_id int primary key not null, time1 not null)

序号	字段名	中文名	数据类型	允许为空	规则	约束
1	time_id	时间 id	int	no	primary key、unique	无
2	time1	提前预约天数	int	no	无	无

20.2.3　页面设计

确定了功能和数据库，接下来就要设计页面了，此时要确定需要哪些页面，它们的名字以及要实现的功能，还有页面之间的联系。这并非一项简单的工作，需要设计人员对项目整体有着清晰的理解。一种可能的页面设计方式如下。

- index.aspx(主页)：列出几所医院的信息；提供搜索医院服务(TextBox)，跳到 hospital_list.aspx；提供跳转到 appointment.aspx 和 deal.aspx 的按钮。
- admin.aspx(管理员)：提供按钮，分别跳转至 level_set.aspx、schedule_set.aspx、time_set.aspx 页面；可根据 admin 表的 Privilege 属性实现权限控制，不同的权限能访问的页面不同。
- login.aspx(登录)：注意 user 表的 Critified_status，若为 1，则成功登录，若为 0，则提示未通过实名认证。建议用户名是身份证号。如果信用等级为 0，不可登录。若是管理员的账号密码，则跳转至 admin.aspx。

- register. aspx(注册)：填写相关信息后(检查是否合法)将相关信息填入 user 表，Critified_status 置为 0，选择密码提示问题并填写答案，以供找回密码时使用。建议对 user 表添加密码提示问题及答案的属性。
- modify_pswd. aspx(找回密码)：填写密码提示问题和答案并通过，输入新密码。
- appointment. aspx(预约信息)：查看个人预约信息，并有取消预约按钮(若单击取消，则在数据库的 registration 表中删除记录)；提供打印按钮；提供付款按钮，跳转至 pay. aspx；并生成挂号信息，将相关信息写入数据库的 deal 表中，之后可以在 deal. aspx 中查到相关信息。
- deal. aspx(挂号信息)：查看个人挂号信息；有打印按钮来提供打印；有取消按钮，单击取消提示退款，并在数据库的 deal 表中删除记录。
- pay. aspx(付款)：显示付款成功。
- hospital_list. aspx(医院信息)：查询医院的搜索结果，单击某一条信息进入 hospital. aspx。
- hospital. aspx(医院详细信息)：列出医院的详细信息，并可以选择科室，单击某一条信息进入 department. aspx。
- department. aspx(科室详细信息)：列出科室的详细信息，并可以选择医生，单击某一条信息进入 doctor. aspx。
- doctor. aspx(医生详细信息)：列出医生的详细信息，并可以选择时间，一旦选择，则正式预约。注意：若设置医生出诊时间是 11 月 10 日，设置自动生成天数是 5 天，那么 11 月 1 日是不能在 doctor. aspx 上预约 11 月 10 日的医生的。预约时需要对用户当天预约医生的天数进行检查。
- info_check. aspx(审核信息)：用于管理员审核信息，列出目前正在申请的用户信息(Critified_status==0 的条目)，针对每条信息可以选择通过或未通过。若通过，则将 Critified_status 置为 1。
- level_set. aspx(设置信用等级)：管理员输入一个正整数(注意检查输入是否合法)，用于批量设置信用等级，之后跳转到 info_check 界面。凡是在 info_check 通过的用户，其 Credit_rating 置为刚才输入的正整数。
- schedule_set. aspx(管理员设置出诊信息)：提供选择医院、科室的下拉框，将两个下拉框都选择后下面列出当前医院科室里的所有医生，可以选择一条医生信息进行设置，可以设置开放位数、出诊时间。
- time_set. aspx(设置系统自动生成出诊信息天数)：文本框设置提前几天开放预约。例如，设置医生的出诊时间是 11 月 10 日，设置自动生成天数是 5 天，那么 11 月 1 日不能在 doctor. aspx 中查到该医生的 11 月 10 日的信息也不能预约。

一些页面是不允许在未登录状态下访问的，因此需要在配置文件中做改动以实现权限控制。

20.3 登录功能设计

这里仍然使用 WebForm 创建项目，在微软提供的框架上做微小的改动。对于 Account 路径下的 Login. aspx，在页面上无须做太多修改，登录界面如图 20-1 所示。

图 20-1 登录界面

在验证方式上选择使用 Forms 验证方式，在 web.config 上进行修改：

```
<authentication mode="Forms">
  <forms loginUrl="~/Account/Login.aspx" timeout="2880" defaultUrl="~/Index.aspx" />
</authentication>
```

在密码传输上使用 MD5 加密、解密，注册后数据库中的密码存储也是以暗文形式存储，只需在 Utils 中添加相关文件即可：

```
using System.Collections.Generic;
using System.Linq;
using System.Web;
using System.Security.Cryptography;
using System.Text;

namespace 医院挂号系统.Utils
{
    3 个引用
    public class enMD5
    {
        3 个引用
        public static string Encrypt(string s)
        {
            byte[] result = Encoding.Default.GetBytes(s.Trim());
            MD5 md5 = new MD5CryptoServiceProvider();
            byte[] output = md5.ComputeHash(result);
            return BitConverter.ToString(output).Replace("-", "");
        }
    }
}
```

之后就可以使用 Encrypt 方法对密码进行加密了：

```
string username = UserName.Text;
string password = enMD5.Encrypt(Password.Text);
```

数据库中的密码存储形式如图 20-2 所示。

根据用户输入的用户名和密码信息使用 LINQ to SQL 查询数据库：

```
DataToDBDataContext context=new DataToDBDataContext();
var userInfo = from u in context._user
               where u.Userid == username
                    && u.Password == password
               select new { ID_number = u.ID_number,
                    Certified_status = u.Certified_status};
```

Password	Age
E10ADC3949B...	21
E10ADC3949B...	11
E10ADC3949B...	17

图 20-2　数据库中的密码存储

对于查询结果需要进行有效性检查。如果未通过管理员验证，则无法登录。数据库的 user 表中的 Certified_status 项表示是否通过了管理员验证。同时在登录时对该用户的预约记录进行检查，如果用户在预约时间没有去看医生，则需要降低其信用等级：

```
foreach (var u in userInfo)
{
    if(u.Certified_status == 0)//检查是否通过管理员实名验证
    {
        Response.Write("<script>alert('尚未经过验证！')</script>");
        return;
    }
    System.Web.Security.FormsAuthentication.SetAuthCookie(u.ID_number, false);
    //查找用户的预约，如果用户爽约，降低信用等级
    var Rdate = from x in context.registration where x.ID_number == u.ID_number select x;
    foreach (var i in Rdate)
    {
        if (DateTime.Now > i.R_time.Value && i.State.First().ToString() != "Paid")
        {

            _user cre = (from x in context._user where x.Userid == username select x).Single();
            if (cre.Credit_rating > 0)
            {
                cre.Credit_rating--;
            }
            context.registration.DeleteOnSubmit(i);
            context.SubmitChanges();
        }
    }
    Response.Redirect("~/Index.aspx");//跳转到首页
}
Response.Write("<script>alert('账号/密码错误！')</script>");
```

20.4　在线预约功能的实现

在线预约的流程大致如下：选取相关医院，选择该医院中的一个科室，再选择该科室的一位医生，单击“预约”完成预约。在预约医生时还需要进行合法性检查，包括该时段预约的医生是否超过 3 人、该用户的信用等级是否为 0，以及该医生的预约名额是否已满。

20.4.1　科室的选择

医院页面 hospital.aspx 中显示了该医院的所有科室，用户在该页面中选择一个科室，进入 department.aspx 页面选择科室内的医生。hospital.aspx 和 department.aspx 页面都是根据用户选择的信息显示生成相应的信息的，这就需要进行跨页面的参数传递。跨页面的参数传递使用 QueryString，它可以将传送的值显示在浏览器的地址栏中。在源页面的代码用“Response.Redirect(URL);”重定向到上面的 URL 地址中。

例如，hospital_list. aspx页面显示的是多个医院的信息，用户在该页面中选择一条信息进入hospital. aspx，那么在hospital_list. aspx中的页面跳转应该写为：

```
var result = from x in datacontext.hospital where x.H_id == title select x;
Response.Redirect("hospital.aspx?username1=" + result.First().H_id.ToString());
```

在hospital. aspx页面中使用Request. QueryString["name"]取出URL地址传递的值：

```
string ss = Request.QueryString["username1"];
```

由此，hospital_list. aspx中传递的信息就获取了，字符串ss中储存的就是用户所选择医院的ID。

在页面设计中使用GridView控件实现医院科室信息的展示，如图20-3所示。

ContentPlaceHolder1 (自定义)
Label
asp:GridView#GridView1

	Column0	Column1	Column2
进入	abc	abc	abc
进入	abc	abc	abc
进入	abc	abc	abc
进入	abc	abc	abc
进入	abc	abc	abc

图20-3　hospital. aspx页面

具体的科室信息代码如下：

```
DataToDBDataContext context = new DataToDBDataContext();
var result = from s in context.department
             where s.H_id == ss
             select new { s.D_id, s.H_id, s.Department_name,
                 s.Classification, s.Department_description };
if (result.Count() != 0)
{
    GridView1.DataSource = result;
    GridView1.DataBind();
    GridView1.HeaderRow.Cells[0].Text = "选择";
    GridView1.HeaderRow.Cells[1].Text = "科室id";
    GridView1.HeaderRow.Cells[2].Text = "医院id";
    GridView1.HeaderRow.Cells[3].Text = "科室名称";
    GridView1.HeaderRow.Cells[4].Text = "分类";
    GridView1.HeaderRow.Cells[5].Text = "描述";
}
else
{
    Response.Write("<script>alert('该医院内暂时没有科室!')</script>");
}
if(GridView1!=null)
{
    GridView1.RowCommand += new GridViewCommandEventHandler(GridView1_RowCommand);
}
```

用户还需要根据展示的科室信息选择一个科室，对应的选择事件由GridView1_RowCommand方法完成。在GridView控件中每行都有一个选择按钮，单击选择按钮可以获取行号，从而得到所选择科室的ID，作为参数传递到department. aspx中。具体的事件处理代码如下：

```
protected void GridView1_RowCommand(object sender, GridViewCommandEventArgs e)
{
    DataToDBDataContext datacontext;
    datacontext = new DataToDBDataContext();
    int index = Convert.ToInt32(e.CommandArgument);//获取行号
    GridViewRow row = GridView1.Rows[index];      //所在的行
    string title = row.Cells[1].Text.ToString(); //所在行的第一列
    if (e.CommandName.ToString() == "add")
    {
        var result = from x in datacontext.department where x.D_id == title select x;
        Response.Redirect("department.aspx?username1=" + result.First().D_id.ToString());
    }
}
```

本节只以科室的选择为例，医院的选择和医生的选择都是一样的实现方式，需要读者学会页面间参数传递的方法。

20.4.2 预约医生

医生页面 doctor.aspx 需要用户登录才能访问，除此之外还有一些页面也需要进行权限控制，将这些页面都放在 user 路径下，如图 20-4 所示。

对于已登录的页面，如何获取用户的登录信息呢？使用 User.Identity.Name 可以获得已登录用户的用户名：

```
string id = User.Identity.Name;
```

这样，已登录用户的用户名就储存在字符串 id 中了，便于之后的查询工作。

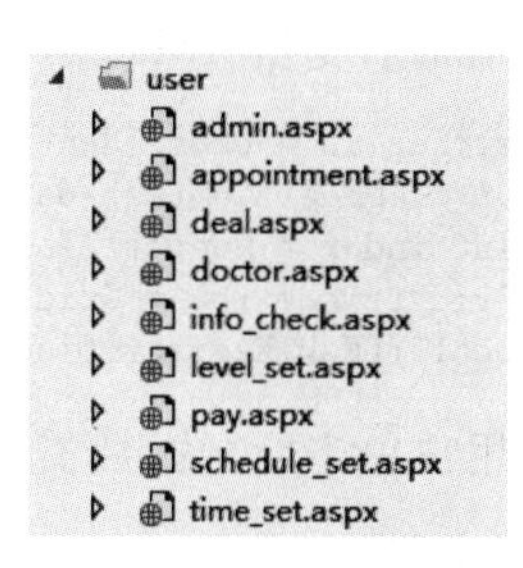

图 20-4 未登录用户无法访问的页面

对于 doctor.aspx 的页面设计，与 hospital.aspx 的页面设计类似，同样使用 GridView 展示医生信息，并为每行提供选择按钮以供用户选择。对于医生信息的发布，需要注意如果没有在提前可预约天数之内，不可预约，也就不在 GridView 中展示医生信息了。对于提前预约天数的信息则是由管理员设置的，存储在数据库表 time 中。该表的信息 time_id 表示相应的 id，是主键，从 1 开始逐渐增大，而 time1 属性则是管理员设置的天数，每次读取数据库时都取 id 最大的数据项，这是最新由管理员设置的提前预约天数：

```
string ss = Request.QueryString["username1"];
//department.aspx传来的医生id信息
DataToDBDataContext context = new DataToDBDataContext();
int cnt = (from s in context.time
           select s.time_id).Distinct().Count();//cnt是time中的条目数量
int dx = (from s in context.time
          where s.time_id == cnt
          select s.time1).First();//当前设置的日期提前显示天数
var result = from s in context.schedual
             where s.Doctor_id == ss
             &&(s.Meeting_time-DateTime.Now).Days<=dx
             //选取在提前预约时间内的医生时间段
             select new { s.Schedual_id, s.Quata,s.Meeting_time,s.Status};
```

根据查询的数据信息显示医生的信息。如果没有结果，则是该医生的出诊时间还不在可提前预约的范围之内，此时不显示信息，弹出提示框。

```
if (result.Count() != 0)
{
    GridView1.DataSource = result;
    GridView1.DataBind();
    GridView1.HeaderRow.Cells[0].Text = "预约";
    GridView1.HeaderRow.Cells[1].Text = "日程id";
    GridView1.HeaderRow.Cells[2].Text = "余量";
    GridView1.HeaderRow.Cells[3].Text = "出诊时间";
    GridView1.HeaderRow.Cells[4].Text = "状态";
}
else
{
    Response.Write("<script>alert('该医生暂时没有可以预约的时间!')</script>");
}
if (GridView1 != null)
{
    GridView1.RowCommand += new GridViewCommandEventHandler(GridView1_RowCommand);
}
```

当用户单击"预约"时是触发了 GridView_RowCommand 事件。这个事件需要进行较多的合法性判断，因为存在很多情况导致用户不能预约。先获取用户单击的信息所在行，设置一个布尔变量 ifMakeRegistration，以表示用户是否可以预约：

```
string id = User.Identity.Name;
DataToDBDataContext datacontext= new DataToDBDataContext();
int index = Convert.ToInt32(e.CommandArgument);   //获取行号
GridViewRow row = GridView1.Rows[index];      //所在的行
bool ifMakeRegistration = true;//表示用户是否可以预约
```

用户单击"预约"后需要判断其信用等级是否为 0：

```
//检测信用等级
var credit = from s in datacontext._user
             where s.ID_number == id
             select s.Credit_rating;
string creditrating = credit.ToString();
if(creditrating=="0")
{
    ifMakeRegistration = false;
    Response.Write("<script>alert('信用等级已经透支，不能预约！')</script>");
}
```

用户如果在该时间段已经预约该医生，显然不能重复预约：

```
//检测是否已经在该时间内预约过该医生
string ss = Request.QueryString["username1"];
var SameRegistration = from d in datacontext.registration
                       where d.Doctor_id == ss
                       &&d.ID_number==id.ToString()
                       &&d.R_time == Convert.ToDateTime(row.Cells[3].Text)
                       select d;
        //查询数据库中是否已经存在该时间段内该用户和医生的预约
if(SameRegistration.Count()!=0&&ifMakeRegistration==true)
{
     ifMakeRegistration = false;
     Response.Write("<script>alert('你已在此时间预约过这位医生了')</script>");

}
```

在需求中还写到不能在同一时间段预约3位不同的医生，这也需要检查：

```
//检测该时间段内的预约次数
var registrateAtSameTime = from x in datacontext.registration
                           where x.ID_number == id.ToString()
                           && x.R_time == Convert.ToDateTime(row.Cells[3].Text)
                           select x;
int numberOfRegistrationAtSameTime = registrateAtSameTime.Count();
 //当前用户同一时间的预约次数
if (numberOfRegistrationAtSameTime>=3&&ifMakeRegistration==true)
{
     ifMakeRegistration = false;
     Response.Write("<script>alert('你已在此时间预约过3位医生了')</script>");

}
```

另外还需要检查该医生在该时间段剩余的名额是否足够，如果名额已满也不能预约：

```
schedual quata = (from x in datacontext.schedual
                  where x.Schedual_id == row.Cells[1].Text
                  select x).Single();
if(quata.Quata == 0&&ifMakeRegistration == true)
{
     ifMakeRegistration = false;
     Response.Write("<script>alert('该医生在该时间段的预约名额已满！')</script>");
}
```

任何条件不符合都会将布尔变量 ifMakeRegistration 置为 false。如果最终该值仍为true，则证明可以预约。

预约完成需要生成一条预约信息存到 registration 表中：

```
if (ifMakeRegistration == true)
{
    //预约可以完成
    Response.Write("<script>alert('预约成功!')</script>");

    //预约成功后schedual表中的名额数量减1
    quata.Quata--;


    //预约成功后向registration表中添加一条新的字段
    registration newregistration = new registration();
    var currentNumOfRigistration = (from s in datacontext.registration
                                    select s.R_id).Count();
    newregistration.R_id =  currentNumOfRigistration+ 1;

    var schedualInfo = from x in datacontext.schedual
                       where x.Schedual_id.ToString() == row.Cells[1].Text
                       select x;
    newregistration.D_id = schedualInfo.First().D_id;
    newregistration.H_id = schedualInfo.First().H_id;
    newregistration.Doctor_id = ss;
    newregistration.R_time = Convert.ToDateTime(row.Cells[3].Text);
    newregistration.ID_number = Convert.ToString(id);
    newregistration.State = "Readytopay";

    datacontext.registration.InsertOnSubmit(newregistration);

    //保存对数据库的修改结果
    datacontext.SubmitChanges();
}
```

虽然整体的逻辑比较复杂，但预约医生是该网站的关键业务，必须要考虑周全。

20.5 管理员管理模块

本节以管理员设置医生出诊时间为例讲解该功能的实现过程。设置出诊信息的大致流程如下：选择一个医院，选择该医院下的一个科室，显示该科室下所有医生的信息，输入出诊信息和名额，单击“提交”按钮，完成出诊信息的设置。

在页面设计上，医院和科室的选择使用下拉框 DropDownList 来实现，如图 20-5 所示。

图 20-5 schedule_set.aspx 页面设计 1

对于医生出诊信息的填写与提交仍然使用 GridView 实现，如图 20-6 所示。

图 20-6 schedule_set.aspx 页面设计 2

选择医院和科室的两个下拉框需要数据绑定，绑定后就可以显示出相应的信息。编辑医生信息的 GridView 同样需要数据绑定，这首先需要管理员已经选好了相应的医院和科室信息。具体的绑定如下：

```
DataToDBDataContext datacontext = new DataToDBDataContext();
var result = from x in datacontext.hospital select x.Hospital_name;
HosDropDownList.DataSource = result;
HosDropDownList.DataBind();//选择医院的下拉框的数据绑定
var result1 = from y in datacontext.hospital
```

```
            where y.Hospital_name.ToString()
                  == HosDropDownList.Text.ToString()
            select y.H_id;
var result2 = from x in datacontext.department
              where x.H_id.ToString() == result1.First().ToString()
              select x.Department_name;
DepDropDownList.DataSource = result2;
DepDropDownList.DataBind();//选择科室的下拉框的数据绑定
var result4 = from x in datacontext.department
              where x.H_id.ToString() == result1.First().ToString()
              select x.D_id;
var result3 = from z in datacontext.doctor
              where z.H_id.ToString() == result1.First().ToString()
              && z.D_id.ToString() == result4.First().ToString()
              select new { z.Doctor_id, z.Doctor_name, z.Sex,
                  z.Consulting_time, z.Introduction, z.Doctor_level };
GridView_Products.DataSource = result3;
GridView_Products.DataBind();
```

之后就是在 GridView 中显示相应的信息，并提供两个文本框供管理员输入出诊时间和预约名额。对于用户输入的合法信息提交到数据库的 schedule 表中：

```
for (int i = 0; i < GridView_Products.Rows.Count; i++)
{
    GridViewRow row = GridView_Products.Rows[i];//所在的行
    string doctorid = row.Cells[0].Text.ToString();
    //声明输入预约时间的文本框
    TextBox TextBox = (TextBox)row.Cells[6].FindControl("Meeting");
    string a = TextBox.Text.ToString();
    //声明输入预约名额的文本框
    TextBox TextBox1 = (TextBox)row.Cells[7].FindControl("Quata");
    string a1 = TextBox1.Text.ToString();
    if (string.IsNullOrEmpty(a)||string.IsNullOrEmpty(a1))
    {
        continue;//如果有一项未填写，则不做处理，不能进行提交
    }

        //如果两文本框都已填写，则进行处理
        DataToDBDataContext datacontext = new DataToDBDataContext();
        var result1 = from x in datacontext.hospital
                      where x.Hospital_name.ToString()
                            == HosDropDownList.Text.ToString()
                      select x.H_id;
        var result2 = from y in datacontext.department
                      where y.Department_name.ToString()
                            == DepDropDownList.Text.ToString()
                      select y.D_id;
        var result3 = from z in datacontext.schedual select z;
        var schming = new schedual
        {
            H_id = result1.First(),
            D_id = result2.First(),
            Doctor_id = doctorid,
            Schedual_id = Convert.ToString(result3.Count()+1),
            Meeting_time = Convert.ToDateTime(a),
            Status = 0,
            Quata = Convert.ToInt32(a1)
        };
        datacontext.schedual.InsertOnSubmit(schming);
        datacontext.SubmitChanges();
        Response.Write("<script>alert('添加成功！');</script>");
    }
}
```

由此可见,大部分的关键业务都是数据库的读/写操作,熟练掌握数据库的相关操作十分重要。

20.6 网站的发布

由于篇幅有限,本章只展示部分重要且有难度的功能的实现。其他功能的实现与上述例子的实现十分类似,难度也不大,在此不再一一展示。

在完成代码部分并调试后就可以进行网站的发布了,使用IIS简单地发布网站,之后就可以在局域网内通过访问本机的IP地址访问该网站了。具体的网站发布流程如下:

首先在解决方案资源管理器中重新生成网站项目,然后右击,选择"发布"命令,如图20-7和图20-8所示。

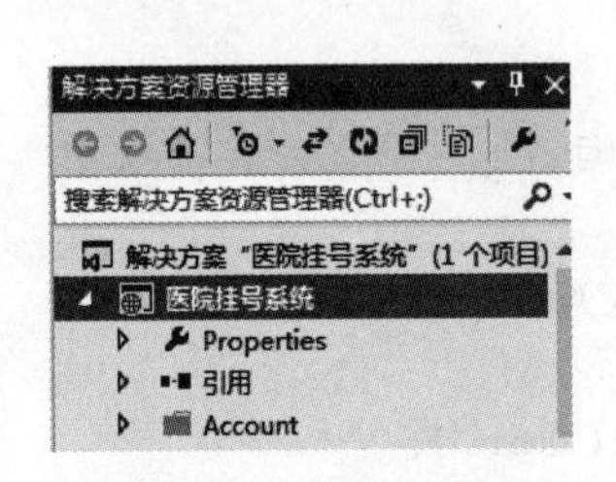

图20-7 选中该项目

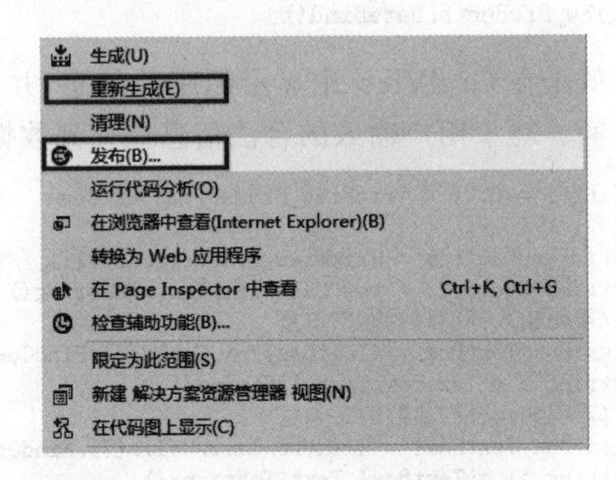

图20-8 发布

选择"发布"命令后会弹出"发布Web"对话框,选择<新建..>,创建新的发布配置文件,如图20-9所示。

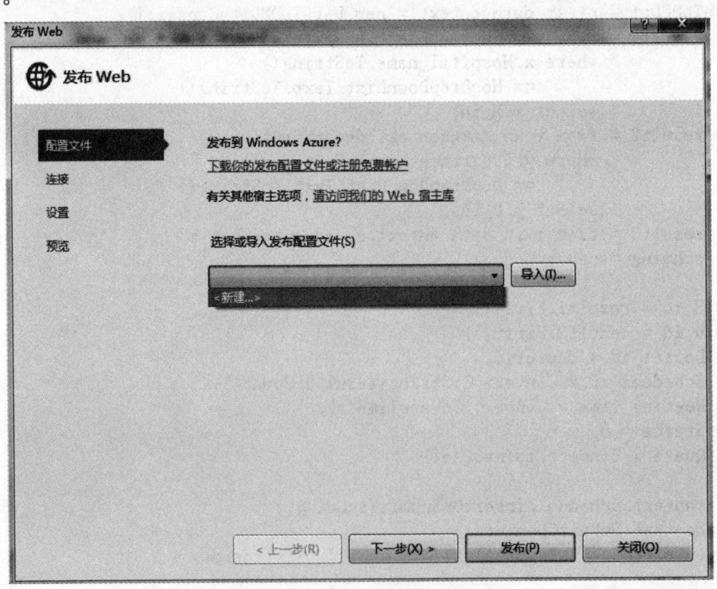

图20-9 "发布Web"对话框

输入自己定义的配置文件名，如图 20-10 所示。

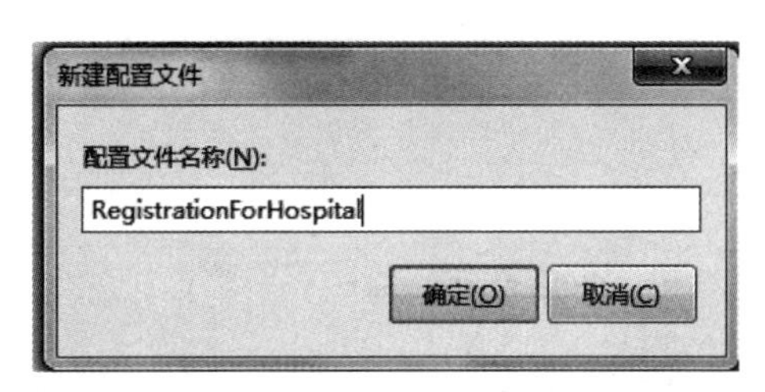

图 20-10　新建配置文件

单击“下一步”按钮，在发布方法中选择“文件系统”，这样可以发布到自己指定的本机文件上，如图 20-11 所示。

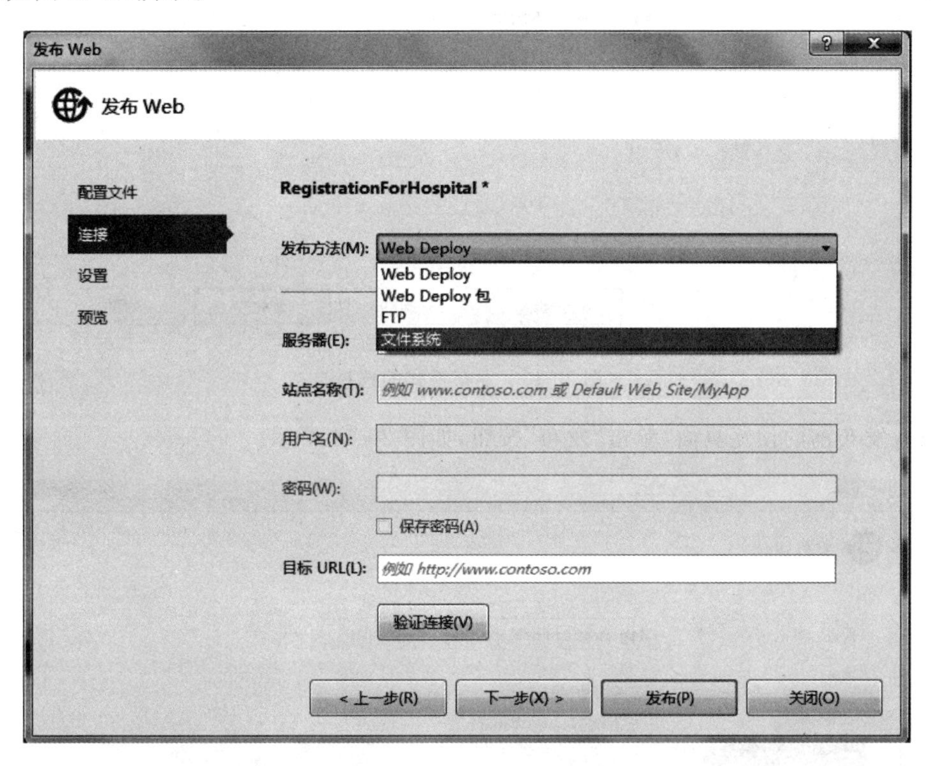

图 20-11　发布方法的选择

选择目标位置，这样发布后的文件会储存到该路径下，如图 20-12 所示。

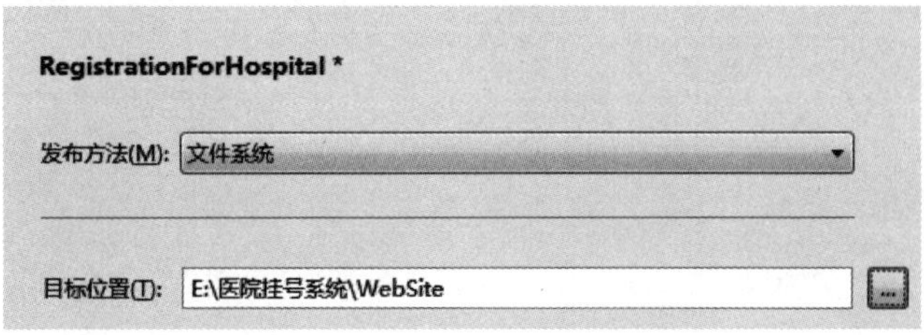

RegistrationForHospital *
发布方法(M): 文件系统
目标位置(T): E:\医院挂号系统\WebSite

图 20-12　发布路径的选择

在配置中选择 Release 发布模式，如图 20-13 所示。

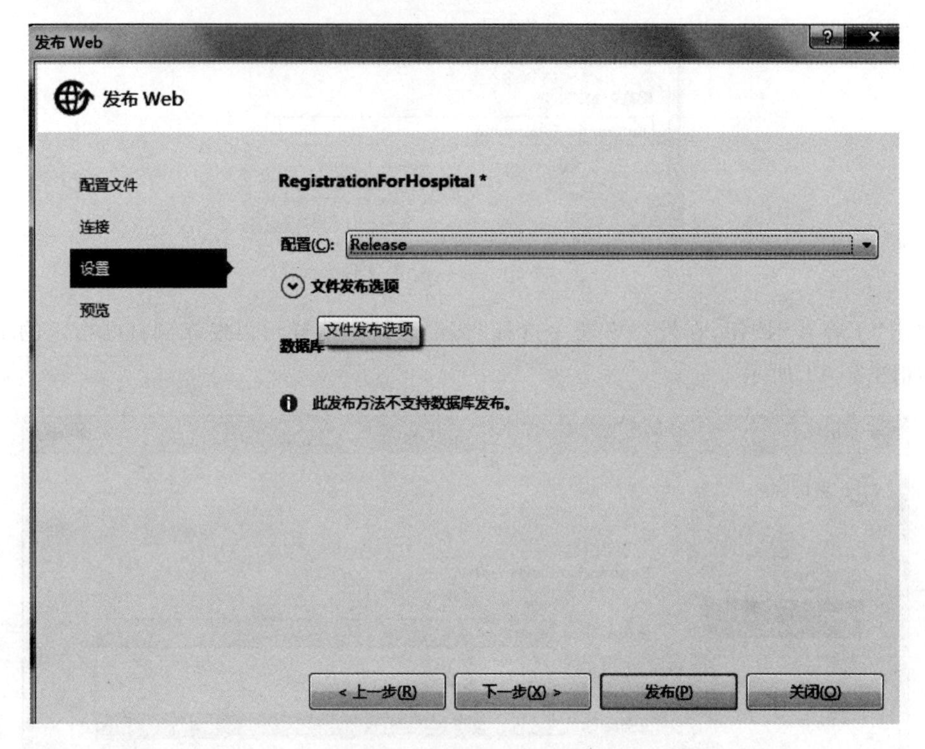

图 20-13　发布模式的选择

进入发布前的预览页面，单击“发布”按钮，如图 20-14 所示。

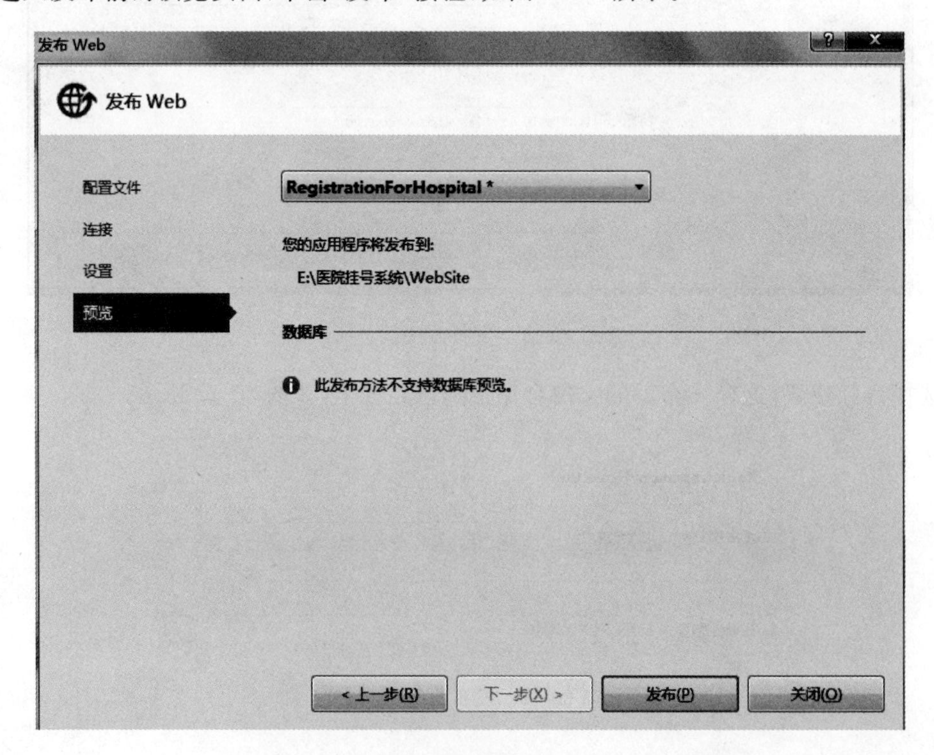

图 20-14　预览页面与发布

发布完成后可以在相关路径下查看发布文件，如图 20-15 所示。

Account	2017/4/2 18:40	文件夹	
bin	2017/4/2 18:40	文件夹	
Content	2017/4/2 18:40	文件夹	
css	2017/4/2 18:40	文件夹	
fonts	2017/4/2 18:40	文件夹	
Scripts	2017/4/2 18:40	文件夹	
user	2017/4/2 18:40	文件夹	
Bundle.config	2016/11/13 22:44	CONFIG 文件	1 KB
DataToDB.dbml	2016/12/13 23:50	OR Designer	10 KB
department.aspx	2016/12/11 23:52	ASPX 文件	1 KB
favicon.ico	2016/11/13 22:44	图标	32 KB
Global.asax	2016/11/13 22:44	ASP.NET Server ...	1 KB
hospital.aspx	2017/4/2 12:41	ASPX 文件	1 KB
hospital_list.aspx	2016/12/11 23:43	ASPX 文件	1 KB
Index.aspx	2016/12/11 21:45	ASPX 文件	6 KB
modify_pswd.aspx	2016/11/15 0:03	ASPX 文件	1 KB
packages.config	2016/12/11 18:22	CONFIG 文件	5 KB
register.aspx	2016/11/15 0:03	ASPX 文件	1 KB
Site.Master	2017/4/2 18:27	MASTER 文件	6 KB
Site.Mobile.Master	2016/11/13 22:44	MASTER 文件	1 KB
ViewSwitcher.ascx	2016/11/13 22:44	ASP.NET User C...	1 KB
Web.config	2017/4/2 18:40	CONFIG 文件	5 KB

图 20-15　查看发布文件

打开控制面板，通过 Internet 信息服务(IIS)管理器进入 IIS 界面，然后右击“网站”，选择“添加网站”命令，如图 20-16 所示。

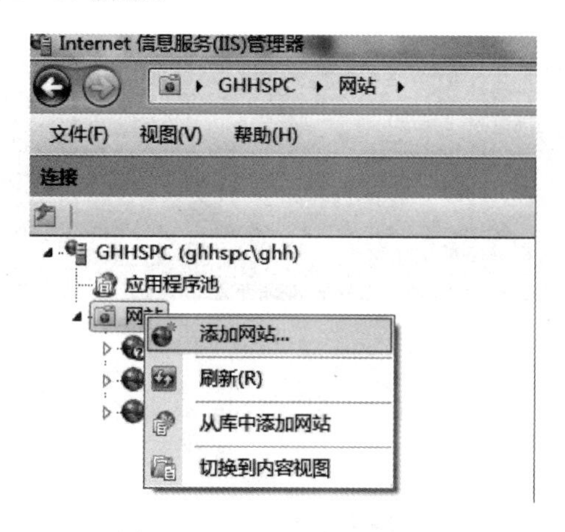

图 20-16　在 IIS 中添加网站

在“添加网站”对话框的“网站名称”文本框中写入自定义的网站名称，并将已发布网站文件夹的路径填入“物理路径”文本框中，将本机 IP 地址写入“IP 地址”框中，如图 20-17 所示。

单击“确定”按钮后网站发布。最后还需要注册 IIS 服务器，右击“程序”→VS 2013→Visual Studio Tools→“VS 2013 开发人员命令提示”，以管理员身份运行，然后输入命令“aspnet_regiis － i”，如图 20-18 所示。

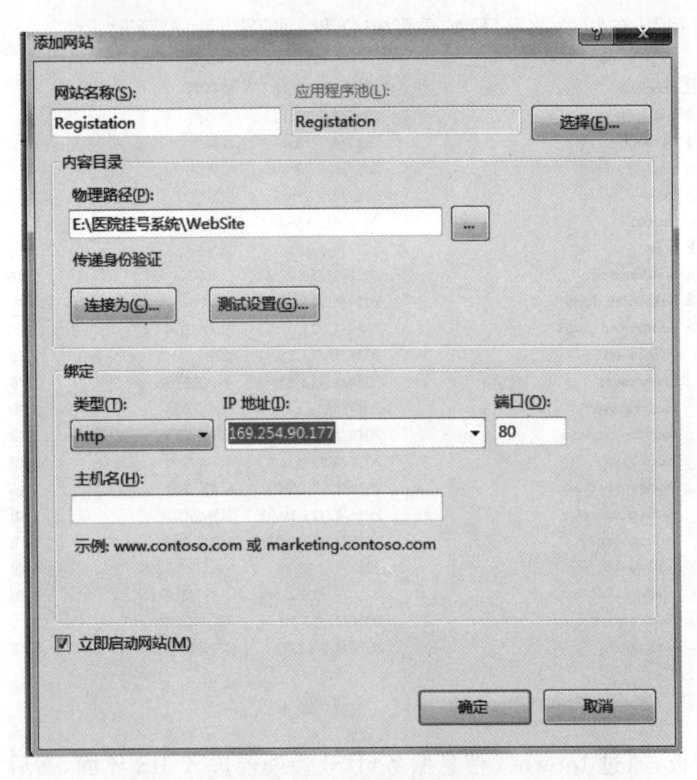

图 20-17　添加网站配置

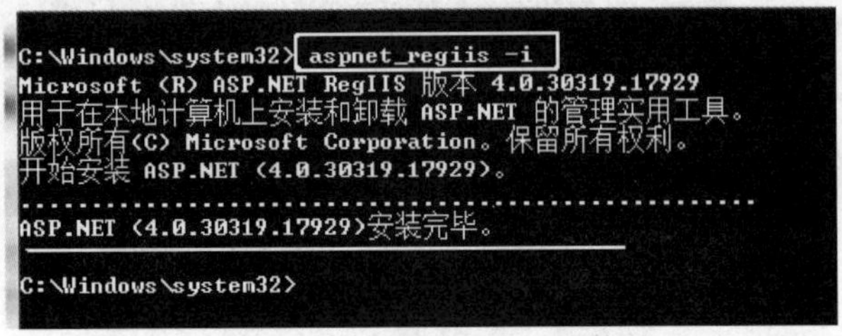

```
C:\Windows\system32>aspnet_regiis -i
Microsoft (R) ASP.NET RegIIS 版本 4.0.30319.17929
用于在本地计算机上安装和卸载 ASP.NET 的管理实用工具。
版权所有(C) Microsoft Corporation。保留所有权利。
开始安装 ASP.NET (4.0.30319.17929)。
...................................................
ASP.NET (4.0.30319.17929)安装完毕。

C:\Windows\system32>
```

图 20-18　注册 IIS 服务器

之后在 IIS 中单击浏览网站就可以在浏览器中真正访问了，如图 20-19 和图 20-20 所示。

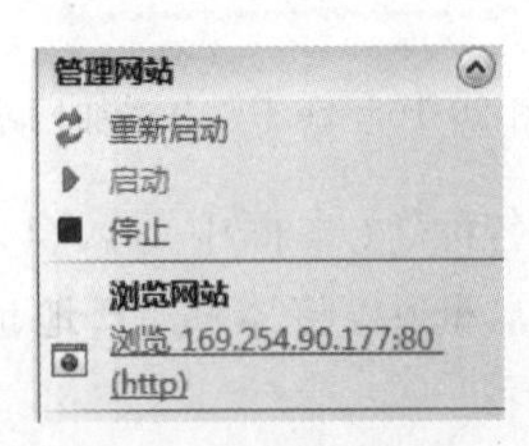

图 20-19　浏览网站

至此网站发布完毕，本机成为一个服务器，可以在局域网中输入本机 IP 地址访问。以上就是网上预约挂号系统的实现过程，希望能够对读者有所启发，而学习编程更重要的是要亲身着手实践。建议读者在课下自行练习，制作一个小型网上书店，这也是对自己 C# 学习的一个总结。

图 20-20　访问网站

习 题 解 答

习题 2-3　编程实现：检测字符串"abbabbcab"中是否含有子串"bca"。

```
static void Main(string[] args)
{
    string a = "abbabbcab";
    string b = "bcaa";
    int index = a.IndexOf(b);
    int la = a.Length;
    if (index < la)
        Console.WriteLine("匹配");
    else
        Console.WriteLine("不匹配");
}
```

习题 2-4　编程实现：编写简单的计算器，要求在控制台输入两个整数，用字符串形式输出两个整数的和、差、乘积。

```
static void Main(string[] args)
{
    int a, b;
    a = Convert.ToInt32(Console.ReadLine());
    b = Convert.ToInt32(Console.ReadLine());
    int plus = a + b;
    Console.WriteLine("和为:{0}", plus);
    int minus = a - b;
    Console.WriteLine("差为:{0}", minus);
    int multi = a * b;
    Console.WriteLine("乘积为:{0}", multi);
    int divide;
    if (b != 0)
    {
        divide = a / b;
        Console.WriteLine("相除为:{0}", divide);
    }
    else
        Console.WriteLine("不能除 0!");
}
```

习题 3-1　编程实现：输出 10 000 以内的所有素数。

```
static void Main(string[] args)
```

```
{
    int i, j;
    for(i = 2;i <= 10000;i++)
    {
       for(j = 2;j <= Convert.ToInt32(Math.Pow(i,0.5));j++)
       {
           if (i % j == 0)
               break;
       }
       if (j > Convert.ToInt32(Math.Pow(i, 0.5)))
           Console.Write("{0} ", i);
    }
    Console.WriteLine();
    Console.ReadLine();
}
```

习题 3-2　编程实现：将十进制数 117 转化为二进制数输出。

```
static void Main(string[] args)
{
    int x = 117;
    int i,c;
    int[] a = new int[10];
    c = 0;
    while(x!= 0)
    {
        i = x % 2;
        a[c++] = i;
        x/ = 2;
    }
    c--;
    for (; c >= 0; c--)
        Console.Write(a[c]);
    Console.WriteLine();
}
```

习题 3-3　编程实现：使用辗转相除法求 48 和 18 的最大公约数。

```
static void Main(string[] args)
{
    int a = 48, b = 18;
    int temp;
    while(b!= 0)
    {
        temp = a % b;
        a = b;
        b = temp;
    }
    Console.WriteLine(a);
}
```

习题 4-1　用 Visual Studio 2013 编写一个整数计算器，具有加、减、乘、除 4 项功能即可，但必须运用方法知识将相应功能封装为单独的方法。

```
namespace 实例
{
    class Program
    {
        static int add(int a,int b)
        {
            return a + b;
        }
        static int minus(int a, int b)
        {
            return a - b;
        }
        static int multiple(int a, int b)
        {
            return a * b;
        }
        static int devide(int a, int b)
        {
            return a / b;
        }
        static void Main(string[] args)
        {
            string str = Console.ReadLine();
            int a = str[0];
            int b = str[2];
            if(str[1] == '+')
            {
                Console.WriteLine(add(a, b));
            }
            if (str[1] == '-')
            {
                Console.WriteLine(minus(a, b));
            }
            if (str[1] == '*')
            {
                Console.WriteLine(multiple(a, b));
            }
            if (str[1] == '/')
            {
                Console.WriteLine(devide(a, b));
            }
        }
    }
}
```

习题 5-1　通过数组编程实现：求“16,4,6,1,19,4,2,25,13,39”中第二小的数。

```
class Program
```

```
{
    int[] a = { 16, 4, 6, 1, 19, 4, 2, 25, 13, 39 };
    public int part(int low, int high)
    {
        int pivot = a[low];
        while(low < high)
        {
            while (low < high && a[high] >= pivot)
                high--;
            a[low] = a[high];
            while (low < high && a[low] <= pivot)
                low++;
            a[high] = a[low];
        }
        a[low] = pivot;
        return a[low];
    }
    public int quicksort(int l, int r, int k)
    {
        int pos = part(l, r);
        if (pos - l + 1 == k)
            return a[pos];
        else if (pos - l + 1 > k)
            return quicksort(l, pos - 1, k);
        else
            return quicksort(pos + 1, r, k - pos + l - 1);
    }
    static void Main(string[] args)
    {
        Program pro = new Program();
        int result = pro.quicksort(0, 9, 2);
        Console.WriteLine(result);
        Console.ReadLine();
    }
}
```

习题 5-2　通过数组编程实现：求"16,4,6,1,19,4,2,25,13,39"中第三小的数。

```
static void Main(string[] args)
{
    List<int> sortlist = new List<int>() { 16, 4, 6, 1, 19, 4, 2, 25, 13, 39 };
    sortlist.Sort();
    Console.WriteLine(sortlist[9]);
    Console.ReadLine();
}
```

习题 5-3　通过数组编程实现：求 2017 年 1 月 1 日到 2017 年 8 月 20 日经过了多少天。


```
static void Main(string[] args)
{
    int[]a = {0,31,28,31,30,31,30,31,31,30,31,30,31};
    int month, day;
```

```
        month = Convert.ToInt32(Console.ReadLine());
        day = Convert.ToInt32(Console.ReadLine());
        int cnt = 0;
        for (int i = 1; i < month; i++)
            cnt += a[i];
        cnt += day - 1;
        Console.WriteLine(cnt);
        Console.ReadLine();
    }
```

习题 5-4　通过数组编程实现：输出 n 行 n 列数字阵，它总是以对角线为起点，先横着填，再竖着填。示例如下：

```
1  2  3
4  6  7
5  8  9

1   2   3   4   5
6   10  11  12  13
7   14  17  18  19
8   15  20  22  23
9   16  21  24  25
```

```
static void Main(string[] args)
{
    int[][]a = new int[50][];
    for (int i = 0; i < 50; i++)
        a[i] = new int[50];
    int n;
    n = Convert.ToInt32(Console.ReadLine());
    int cnt = 1;
    for (int i = 1; i <= n; i++)
    {
        for (int j = i; j <= n; j++)
        {
            a[i][j] = cnt;
            cnt++;
        }
        for (int j = i + 1; j <= n; j++)
        {
            a[j][i] = cnt;
            cnt++;
        }
    }
    for (int i = 1; i <= n; i++)
    {
        for (int j = 1; j <= n; j++)
            Console.Write("{0} ", a[i][j]);
```

```
        Console.WriteLine();
    }
    Console.ReadLine();
}
```

习题 5-5　通过数组编程实现：输出 n 行 n 列蛇形数字阵。示例如下：

```
 1  2
 4  3

 1  2  3
 6  5  4
 7  8  9

 1   2   3   4
 8   7   6   5
 9  10  11  12
16  15  14  13
```

```
static void Main(string[] args)
{
    int[][]a = new int[50][];
    for (int i = 0; i < 50; i++)
        a[i] = new int[50];
    int n;
    n = Convert.ToInt32(Console.ReadLine());
    int cnt = 1;
    for (int i = 1; i <= n; i++)
    {
        if (i % 2 == 1)//奇数列
        {
            for (int j = 1; j <= n; j++)
            {
                a[i][j] = cnt;
                cnt++;
            }
        }
        else
        {
            for (int j = n; j > 0; j--)
            {
                a[i][j] = cnt;
                cnt++;
            }
        }
    }
    for (int i = 1; i <= n; i++)
    {
        for (int j = 1; j <= n; j++)
            Console.Write("{0} ", a[i][j]);
        Console.WriteLine();
```

```
        }
        Console.ReadLine();
    }
```


习题 5-6　通过数组编程实现：n 个人排队打水，每个人需要的时间为 t_i，那么第 k 个人等待的时间一共是 $t_1+t_2+\cdots+t_k$。为了提高效率，请安排一个顺序，使得每个人等待时间的总和最少。示例：5 个人打水，每个人的时间依次为 1 4 3 6 9，最少时间是 50。

```
static void Main(string[] args)
{
    int[]a = new int[100];
    int n = Convert.ToInt32(Console.ReadLine());
    for (int i = 0; i < n; i++)
        a[i] = Convert.ToInt32(Console.ReadLine());
    for (int i = 0; i < n - 1;i++)
    {
        for(int j = 0;j < n - i - 1;j++)
        {
            if(a[j]> a[j + 1])
            {
                int tmp = a[j];
                a[j] = a[j + 1];
                a[j + 1] = tmp;
            }
        }
    }
    long cnt = 0;
    for(int i = 0;i < n;i++)
        cnt += (n - i) * a[i];
    Console.WriteLine(cnt);
    Console.ReadLine();
}
```

习题 6-1　写出一个 Cirlcle 类，要求能完成面积和周长的计算，字段包括 double 类型的半径。

```
class Circle
{
    public double radious;
    double Perimeter()
    {
        return 2 * radious * 3.14;
    }
    double Area()
    {
        return radious * radious * 3.14;
    }
}
```

习题 6-3　将 Circle 类完善，使之在类外部无法直接访问类中的字段，但却能直接使用类中计算面积和周长的方法。

```
class Circle
{
    private double radious;
    double Perimeter()
    {
        return 2 * radious * 3.14;
    }
    double Area()
    {
        return radious * radious * 3.14;
    }
}
```

习题 6-4　进一步完善 Circle 类，添加合适数量的构造器，使之能完成以下功能：当 new 的参数为 double 类型时直接赋给半径字段，当参数为 int 类型的时候输出错误信息"圆的半径应该是 double 类型"，当没有参数的时候将半径赋值成 0。

```
class Circle
{
    private double radious;
    Circle(double i)
    {
        radious = i;
    }
    Circle(int i)
    {
        Console.WriteLine("圆的半径应该是 double 类型");
    }
    Circle()
    {
        radious = 0;
    }


    double Perimeter()
    {
        return 2 * radious * 3.14;
    }
    double Area()
    {
        return radious * radious * 3.14;
    }
}
```

习题 7-2　编写一个日期结构体 Date，要求如下：

(1) 字段：年 year、月 month、日 day。

(2) 定义一个构造函数，要将所有字段初始化。

(3) 定义 get 和 set 函数，存取私有字段。

(4) 定义一个成员函数 isLeapYear 测试给定的年份是否为闰年，函数的返回类型为

bool类型。

(5) 定义一个 nextDay 函数,将日期递增1天。

(6) 定义成员函数 print(),输出当前日期。

(7) 在任何时候都要保证数据成员的合法性。

编写 Main 函数,测试所要求的功能。

```
class Date
{
    private int year, month, day;
    public int getYear()
    {
        return this.year;
    }
    public int getMonth()
    {
        return this.month;
    }
    public int getDay()
    {
        return this.day;
    }
    private bool isLeapYear(int year)
    {
        if ((year % 4 == 0 && year % 100 != 0) || (year % 400 == 0))
            return true;
        return false;
    }
    private int maxDay()
    {
        switch (month)
        {
            case 1:
            case 3:
            case 5:
            case 7:
            case 8:
            case 10:
            case 12:
                return 31;
            case 4:
            case 6:
            case 9:
            case 11:
                return 30;
            case 2:
                if (isLeapYear(this.year)) return 29;
                else return 28;
            default: //月错误,则返回0
                return 0;
        }
```

```
    }
    public void setYear(int y)
    {
        if (y >= 0 && y <= 4000)
            this.year = y;
        else
            this.year = 2000;
    }
    public void setMonth(int m)
    {
        if (m > 0 && m < 13)
            this.month = m;
        else
            this.month = 1;
    }
    public void setDay(int d)
    {
        if (d > 0 && d <= maxDay())
        {
            this.day = d;
        }
        else
            this.day = 1;
    }
    public void setDate(int y, int m, int d)
    {
        setYear(y);
        setMonth(m);
        setDay(d);
    }
    public Date(int y, int m, int d)
    {
        setDate(y, m, d);
    }
    public void print()
    {
        Console.WriteLine("Year: {0} Month: {1} Day: {2}", this.year, this.month, this.day);
    }
    public void nextDay()
    {
        day++;
        if(this.day > maxDay())
        {
            day = 1;
            month++;
            if(month > 12)
            {
                year++;
                month = 1;
            }
        }
```

```
            else
            {
                day++;
            }
        }
    }
    class Program
    {
        static void Main(string[] args)
        {
            Date d = new Date(2017, 12, 31);
            d.print();
            d.nextDay();
            d.print();
            Console.ReadLine();
        }
    }
```

习题 9-4　编写 Course 类及其子类 ObligatoryCourse 和 ElectiveCourse，根据以下描述设计实现多态。

(1) 添加虚方法 getScore，与两个派生类的 getScore 相同，用于支持多态。

(2) 对两个派生类的 getScore 方法进行重写，使其能够支持多态。

```
class Course
{
    int score;

    public virtual void getScore()
    {
        Console.WriteLine(this.score);
    }
}
class ObligatoryCourse: Course
{
    int score;
    string name;
    public ObligatoryCourse(string n, int s)
    {
        this.score = s;
        this.name = n;
    }
    public override void getScore()
    {
        Console.WriteLine("the score of {0} is: {1}", this.name, this.score);
    }
}
class ElectiveCourse:Course
{
    string name;
    char score;
```

```
    public ElectiveCourse(string n,char s)
    {
        this.name = n;
        this.score = s;
    }
    public override void getScore()
    {
        Console.WriteLine("the grade of thie elective course {0} is: {1}", this.name, this.
score);
    }
}
class Program
{
    static void Main(string[] args)
    {
        ObligatoryCourse c1 = new ObligatoryCourse("algorithm", 97);
        ElectiveCourse c2 = new ElectiveCourse("English", 'B');
        c1.getScore();
        c2.getScore();
        Console.ReadLine();
    }
}
```

习题 10-2　请编写这样一个异常处理模块，这个模块能不能被零整除做出反应，每当有不能被零整除的错误发生时打印“0 can not be devided”。

```
namespace Test
{
    class Program
    {

        static void Main(string[] args)
        {
            try
            {
                int a = 1;
                int b = 0;
                int c = a / b;
            }
            catch
            {
                Console.WriteLine("0 can not be devided");
            }
        }
    }
}
```

习题 10-3　写出下面代码的输出：

```
Attempted divide by zero.
```

习题 11-3　回顾习题 7-2 所设计的结构体，为 Date 添加属性，使用户能够方便地访问 year、month、day 的信息。

```
public int YEAR
{
    get
    {
        return this.year;
    }
    set
    {
        if (value >= 0 && value <= 4000)
            this.year = value;
        else
            this.year = 2000;
    }
}
public int MONTH
{
    get
    {
        return this.month;
    }
    set
    {
        if (value > 0 && value < 13)
            this.month = value;
        else
            this.month = 1;
    }
}
public int DAY
{
    get
    {
        return this.day;
    }
    set
    {
        if (value > 0 && value <= maxDay())
        {
            this.day = value;
        }
        else
            this.day = 1;
    }
}
static void Main(string[] args)
{
    Date d = new Date(2017, 12, 31);
```

```
        d.DAY = 13;
        Console.WriteLine("{0} {1} {2}", d.YEAR, d.MONTH, d.DAY);
    }
```

习题 11-4　根据描述编程实现：

(1) 设计一个接口 IUser，包括 account 和 password 两个属性。

(2) 设计一个普通用户类 Customer，要求实现接口。其中要求 account 至少有 8 位字符，首字符为数字，password 要求只写。

(3) 设计一个管理员类 Admin，要求实现接口。其中要求 account 必须由 6 位数字组成。

```
interface IUser
{
    string password;
    string account;
    string PASSWORD
    {
        get;
        set;
    }
    string ACCOUNT
    {
        get;
        set;
    }
}
class Customer:IUser
{
    string password;
    string account;
    string ACCOUNT
    {
        get
        {
            return this.account;
        }
        set
        {
            int l = value.Length;
            if (l <= 8 || (int)value[0] < 48 || (int)value[0] > 57)
            {
                this.account = "error";
            }
            else
                this.account = value;
        }
    }
    string PASSWORD
    {
        set
```

```
            {
                this.password = value;
            }
        }
    }
    class Admin:IUser
    {
        string password;
        string account;
        string ACCOUNT
        {
            get
            {
                return this.account;
            }
            set
            {
                int l = value.Length;
                if (l != 6)
                {
                    this.account = "error";
                }
                else
                {
                    bool flag = true;
                    for(int i = 0;i < 6;i++)
                    {
                        if ((int)value[i] < 48 || (int)value[i] > 57)
                            flag = false;
                    }
                    if (flag)
                        this.account = value;
                    else
                        this.account = "error";
                }
            }
        }
        string PASSWORD
        {
            get
            {
                return this.password;
            }
            set
            {
                this.password = value;
            }
        }
    }
```

习题 12-1　声明一个委托 Calculator，并将方法集绑定到委托上，要求能实现加、减、乘、除 4 项功能。

```
namespace Test
{
    public delegate int calculate(int a,int b);
    class Program
    {

        static int add(int a, int b)
        {
            return a + b;
        }
        static int minus(int a, int b)
        {
            return a - b;
        }
        static int multiple(int a, int b)
        {
            return a * b;
        }
        static int devide(int a, int b)
        {
            return a / b;
        }
        static int cal(int a,int b,calculate MakeCal)
        {
            return MakeCal(a,b);
        }
        static void Main(string[] args)
        {
            string str = Console.ReadLine();
            int a = str[0];
            int b = str[2];
            if (str[1] == '+')
            {
                Console.WriteLine(cal(a, b,add));
            }
            if (str[1] == '-')
            {
                Console.WriteLine(cal(a, b,minus));
            }
            if (str[1] == '*')
            {
                Console.WriteLine(cal(a, b,multiple));
            }
            if (str[1] == '/')
            {
```

```
                Console.WriteLine(cal(a, b,devide));
            }
        }
    }
}
```

习题 12-3　在第一题的基础上将用委托的实现改为运用事件实现。

```
namespace Test
{
    public delegate int calculate(int a,int b);
    public class ca
    {
        public event calculate makeCal;
        public static int add(int a, int b)
        {
            return a + b;
        }
        public static int minus(int a, int b)
        {
            return a - b;
        }
        public static int multiple(int a, int b)
        {
            return a * b;
        }
        public static int devide(int a, int b)
        {
            return a / b;
        }
        public static int cal(int a, int b, calculate MakeCal)
        {
            return MakeCal(a, b);
        }
    }
    class Program
    {
        static void Main(string[] args)
        {
            string str = Console.ReadLine();
            int a = str[0];
            int b = str[2];
            if (str[1] == '+')
            {
                Console.WriteLine(ca.cal(a, b,ca.add));
            }
            if (str[1] == '-')
            {
                Console.WriteLine(ca.cal(a, b,ca.minus));
            }
            if (str[1] == '*')
```

```
            {
                Console.WriteLine(ca.cal(a, b,ca.multiple));
            }
            if (str[1] == '/')
            {
                Console.WriteLine(ca.cal(a, b,ca.devide));
            }
        }
    }
}
```

习题 13-2　编程实现：完善日期结构体 Date。

(1) 重载自增操作符＋＋，实现日期加 1。

(2) 重载加法操作符＋，能够将日期递增指定天数。

(3) 重写 ToString，按照"yyyy 年 mm 月 dd 日"的格式输出字符串。

```
public static Date operator++(Date d)
{
    d.nextDay();
    return d;
}
public static Date operator + (Date d, int cnt)
{
    for (int i = 1; i <= cnt; i++)
        d.nextDay();
    return d;
}
public override string ToString()
{
    return string.Format("{0}年{1}月{2}日", this.YEAR,this.MONTH,this.DAY);
}
```

习题 13-3　编程实现：编写课程类 Course。

(1) 创建属性：课程名称 name，string 类型；学分 creditHour，int 类型。

(2) 完善 set、get 方法的逻辑。

(3) 重写 ToString，按照"<课程名称>学分：<学分>"的格式输出字符串。

```
class Course
{
    int creditHour;
    string name;
    public int getCredit()
    {
        return this.creditHour;
    }
    public void setCredit(int n)
    {
        if (n >= 1 && n <= 8)
            this.creditHour = n;
        else
```

```
            this.creditHour = 0;
        }
        public string getName()
        {
            return this.name;
        }
        public void setName(string n)
        {
            this.name = n;
        }
        public Course(string n, int c)
        {
            this.setCredit(c);
            this.setName(n);
        }
        public override string ToString()
        {
            return string.Format("{0} 学分: {1}", this.name, this.creditHour);
        }
        static void Main(string[] args)
        {
            Course c = new Course("algorithm", 5);
            Console.WriteLine(c.ToString());
            Console.ReadLine();
        }
```

习题 15-2　编程实现：使用泛型定义一个队列类 Queue，使其能够容纳大部分类型的数据。约束是任何类型必须实现 IComparable 接口以便比较大小。

字段为数组 item。

设计构造器，对 item 数组默认赋值。

设计方法 EnQueue，参数为一个元素，实现将该参数添加至 item 数组的末尾。

设计方法 DeQueue，实现返回 item 数组中的第一个元素。

设计方法 sort，使用快速排序算法对数组当前的所有元素进行由小到大的排列。

```
class Queue<T> where T:IComparable
{
    T[] item = new T[1000];
    int front, rear;
    public Queue()
    {
        for (int i = 0; i < 1000; i++)
            item[i] = default(T);
        rear = -1;
        front = -1;
    }
    public void EnQueue(T x)
    {
        rear++;
        item[rear] = x;
```

```
        }
        public T DeQueue()
        {
            if(front >= 0)
            {
                return item[front -- ];
            }
            else
            {
                return default(T);
            }
        }
    }
    static void Main(string[ ] args)
        {
            Queue< int > q =  new Queue< int >();
            q.EnQueue(1); q.EnQueue(2);
            q.DeQueue();
        }
```

参 考 文 献

[1] Jeffrey Richter. CLR via C＃[M]. 北京:清华大学出版社,2010.

[2] 姚琪琳. 深入理解 C＃[M]. 北京:人民邮电出版社,2014.

[3] Jeffrey Richter,Maarten van de Bo. Windows Runtime via C＃[M]. Microsoft Press,2013.

[4] John Sharp. Visual C＃ 2010 Step by Step[M]. 周靖,译. 北京:清华大学出版社,2010.

图书资源支持

感谢您一直以来对清华版图书的支持和爱护。为了配合本书的使用，本书提供配套的资源，有需求的读者请扫描下方的“书圈”微信公众号二维码，在图书专区下载，也可以拨打电话或发送电子邮件咨询。

如果您在使用本书的过程中遇到了什么问题，或者有相关图书出版计划，也请您发邮件告诉我们，以便我们更好地为您服务。

我们的联系方式：

地　　址：北京海淀区双清路学研大厦 A 座 707

邮　　编：100084

电　　话：010－62770175－4604

资源下载：http://www.tup.com.cn

电子邮件：weijj@tup.tsinghua.edu.cn

QQ：883604（请写明您的单位和姓名）

书圈

用微信扫一扫右边的二维码，即可关注清华大学出版社公众号“书圈”。